IMKERN
DER PROBLEMLÖSER

Bibliographische Information der Deutschen Nationalbibliothek

Die Deutsche Nationalbibliothek verzeichnet diese Publikation in der Deutschen Nationalbibliografie; detaillierte bibliografische Daten sind im Internet über http://dnb.d-nb.de abrufbar.

Deutschsprachige Ausgabe
© 2016 BLV Buchverlag GmbH & Co. KG, München

 BLV Buchverlag GmbH & Co. KG
80636 München

Das Werk einschließlich aller seiner Teile ist urheberrechtlich geschützt. Jede Verwertung außerhalb der engen Grenzen des Urheberrechtsgesetzes ist ohne Zustimmung des Verlags unzulässig und strafbar. Das gilt insbesondere für Vervielfältigungen, Übersetzungen, Mikroverfilmungen und die Einspeicherung und Verarbeitung in elektronischen Systemen.

Aus dem Englischen von Dr. habil. Wolfgang Hensel

Titel der Originalausgabe: The Beekeeper's Problem Solver
100 common problems explored an expained

Copyright © Quid Publishing 2015

Umschlagkonzeption und -gestaltung: BLV Buchverlag
Umschlagfotos: Gettyimages/Andy Roberts (vorne)
Rückseite: dimitris_k | Shutterstock.com (links); Stephen Orsillo | Shutterstock.com (Mitte); Alexey Laputin | Shutterstock.com (rechts)

Lektorat: Sonja Forster, Christine Schlitt
Herstellung: Hermann Maxant
Layoutkonzept Innenteil: Clare Barber
Layout: Katrin Michel, München

Gedruckt auf chlorfrei gebleichtem Papier

Printed in China

ISBN 978-3-8354-1523-2

 www.facebook.com/blvVerlag

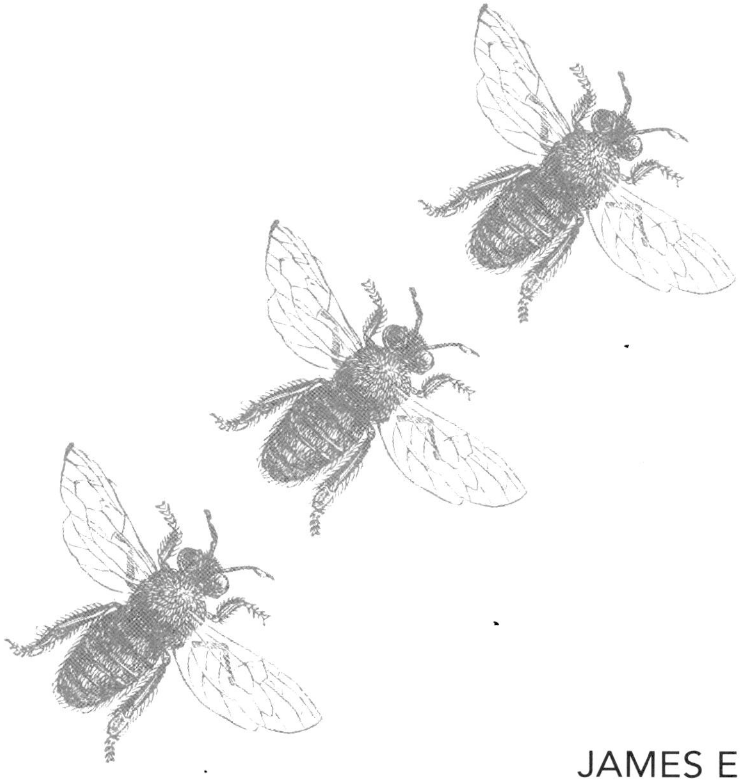

JAMES E. TEW

IMKERN
DER PROBLEMLÖSER

100 Fragen – 100 Antworten

INHALT

Einleitung	8

1. KAPITEL DIE GRUNDLAGEN 10

1	Imkern – wie fange ich am besten an?	12
2	Wann beginne ich mit der Bienenhaltung?	14
3	Woher bekomme ich meine ersten Bienen?	16
4	Wo stelle ich meinen Bienenstock am besten auf?	18
5	Was, wenn die Bienen bei Regen einziehen?	20
6	Wie günstig und sicher ist gebrauchte Ausrüstung?	21
7	Soll ich ein etabliertes Volk samt Beute kaufen?	22
8	Wie gehe ich mit ängstlichen Nachbarn um?	24
9	Wie arbeite ich schonend am Magazin?	26
10	Wie arbeite ich im Garten, ohne die Bienen zu reizen?	28

2. KAPITEL DIE AUSRÜSTUNG 31

11	Warum passen einzelne Teile oft nicht zusammen?	32
12	Wie schütze ich meine Bienenstöcke vor Diebstahl?	34
13	Wie schütze ich Bienenkästen vor Verwitterung?	36
14	Wie löse ich einen verklebten Innendeckel vom Magazin?	38
15	Wie verhindere ich Kondenswasser in der Beute?	40
16	Was ist zu tun, wenn die Mittelwand nicht passt?	42
17	Mit welchem Werkzeug wird ein Bienenstock geöffnet?	44
18	Behindert ein Absperrgitter das Bienenvolk?	46
19	Welche Handschuhe stören am wenigsten?	48
20	Wie verhindere ich, dass der Smoker ausgeht?	50
21	Wie optimiere ich zu flache Griffmulden an den Zargen?	52
22	Wie transportiere ich sicher eine Magazinbeute?	54
23	Warum will mein Beobachtungsstock nicht gedeihen?	56
24	Welche Mittelwände sind für mich richtig?	58
25	Welcher Boden eignet sich am besten für ein Magazin?	59
26	Wie lässt sich verhindern, dass ein Magazin umkippt?	60

3. KAPITEL BIOLOGIE UND VERHALTEN VON BIENENVÖLKERN 62

27	Warum stechen meine Bienen häufiger als üblich?	64
28	Wie fange ich einen Schwarm unter dem Bienenstock?	66
29	Warum enthält das Brutnest zu wenige Eier und Larven?	68
30	Wieso bauen die Bienen unregelmäßige Waben?	70
31	Warum »reinigen« die Bienen das Anflugbrett?	72
32	Woher kommen die Löcher in den Brutzellendeckeln?	74
33	Warum liegen vor dem Flugloch unversehrte tote Bienen?	76
34	Was geschieht mit dunklen, mehrfach bebrüteten Waben?	78
35	Warum liegen so viele tote Drohnen am Flugloch?	80
36	Können zwei Königinnen in einem Nest sein?	81

4. KAPITEL **ARBEITEN AM BIENENSTOCK** 82

37 Wie geht man mit Wildbau um? 84
38 Warum versammeln sich Bienen vor dem Stock? 86
39 Was, wenn sich zu viele Bienen im Brutraum aufhalten? 88
40 Warum wurde das Brutnest lang gezogen gebaut? 90
41 Was tun, wenn der Bienenstock überfüllt ist? 92
42 Aus welchem Grund sterben im Winter sehr viele Bienen? 94
43 Warum »belagern« die Bienen den Teich des Nachbarn? 96
44 Wie helfe ich einem kleinen Volk über den Winter? 98
45 Wie behandele ich eine überschwemmte Kolonie? 100
46 Hat das Bienenvolk genug Vorräte für den Winter? 101
47 Wie löse ich durch Wachsbrücken verklebte Zargen? 102
48 Was bedeuten viele Weiselnäpfchen im Stock? 104
49 Was, wenn Regen den Nahrungsfluss unterbricht? 106

5. KAPITEL **ZUCHT UND PFLEGE DER KÖNIGINNEN** 109

50 Wie wird eine Ersatzkönigin separat untergebracht? 110
51 Wie finde ich die Königin? 112
52 Warum produziert ein Volk zu wenig Nachwuchs? 114
53 Was bedeuten mehrere Eier in einigen Zellen? 116
54 Wie soll ich meine Königin markieren? 118
55 Wie greife ich eine Königin richtig? 120
56 Wie bekomme ich die Larve vom Umlarvlöffel? 122
57 Wie züchte ich gezielt Drohnen für die Paarungszeit? 124
58 Warum entwickeln sich Königinnenableger schlecht? 126
59 Wieso wurde meine Ersatzkönigin getötet? 128

6. KAPITEL **KRANKHEITEN UND SCHÄDLINGE** 131

60 Wie schütze ich die Bienen im Winter vor Mäusen? 132
61 Wie rette ich ein mehrfach infiziertes Volk? 134
62 Was ist bei starkem Befall mit Varroa-Milben zu tun? 136
63 Warum kriechen die Bienen hoch zum Flugloch? 138
64 Was bedeutet Kotverschmutzung von Beute und Waben? 139
65 Was bedeutet fauliger Geruch ohne AFB-Symptome? 140
66 Wie wirkt sich Kalkbrut auf die Produktivität aus? 142
67 Wie verhalte ich mich bei einem Wespenangriff? 144
68 Warum sehen die Larven blass und deformiert aus? 145
69 Was kann ich bei AFB für meine Bienen tun? 146
70 Wie halte ich Wachsmotten von den Waben fern? 148

7. KAPITEL BIENEN UND PFLANZEN — 150

71	Wie reagiere ich auf zu viele Pollenzellen im Brutnest?	152
72	Darf ich im Schrebergarten imkern?	154
73	Wie verhindere ich, dass Bienen Unkräuter bestäuben?	155
74	Wie verhindern ich, dass gesammelter Pollen verdirbt?	156
75	Wie vermeide ich ungleich starke Bienenvölker?	158
76	Wie bestäube ich mit Bienen gezielt eine Fläche?	160
77	Wie sorge ich für ausreichende Pollenvorräte?	162
78	Warum lehnen meine Bienen das Pollenersatzfutter ab?	164
79	Wie vermeide ich Bienenverluste beim Umsetzen?	166
80	Was, wenn die Bienen keine gute Tracht finden?	168

8. KAPITEL ERNTE UND VERARBEITUNG VON HONIG — 170

81	Wie separiere ich die Bienen aus einer Honigraumzarge?	172
82	Warum sind einige Honigzellen nicht verdeckelt?	174
83	Wie sieht der ideale Schleuderraum aus?	176
84	Wie halte ich Bienen von der Honigschleuder fern?	178
85	Wieso kristallisiert der Honig in der Honigwabe?	180
86	Warum habe ich so wenig Wabenhonig geerntet?	182
87	Wie verhindere ich, dass mein Honigsieb verklebt?	184
88	Wie kann ich sortenreinen Honig ernten?	186
89	Was mache ich mit bei der Ernte verschüttetem Honig?	188
90	Warum kristallisiert Honig im Glas aus?	190
91	Darf ich meinen Honig verkaufen?	192

9. KAPITEL BIENENWACHS UND ANDERE BIENENPRODUKTE — 194

92	Was mache ich mit Wachs von alten Rähmchen?	196
93	Wie wird Propolis gesammelt und weiterverarbeitet?	197
94	Wie löse ich festsitzende Wachskerzen aus der Form?	198
95	Was bedeutet der weißliche Belag auf meinen Kerzen?	200
96	Wie lindere ich die Folgen eines Bienenstichs?	202
97	Warum härtet meine Honigseife nicht richtig aus?	204
98	Wie verhindere ich Bienenkot-Schäden?	206
99	Wie entferne ich Bienenwachs?	207
100	Wie schmelze ich Wachs ohne Brandgefahr?	208

EINLEITUNG

Wenn man alles richtig macht, ist die Imkerei eine erfüllende und nützliche Beschäftigung – für den Imker und ebenso für die Bienen. In den warmen Sommermonaten verwandelt sich ein gesunder Bienenstock in ein ebenso produktives wie faszinierendes Wunderwerk. Es ist immer wieder fesselnd zu beobachten, wie die Bienen beim Nektarsammeln alle Blüten in der Umgebung bestäuben. Die Luft summt von Tausenden fliegender Arbeiterinnen und duftet  nach frischem Blütennektar. Schon beim Kauf der Bauteile für eine neue Bienenwohnung lässt der angenehme Geruch des Materials an die zukünftige Honigernte denken. Ist die Unterkunft für die neuen Bienen dann eingerichtet, werden wir Zeugen ihrer großartigen Baukunst. Und das sind nur einige der vielen schönen Seiten des Imkerns.

Doch bei aller Freude an der Bienenhaltung sollte jeder Imker auch die Probleme kennen, die dabei auftreten können – und werden. Und je mehr Sie vorab über die möglichen Schwierigkeiten und Lösungen wissen, desto schneller können Sie sie beheben oder am besten ganz vermeiden.

Die Kunst der Imkerei ist anspruchsvoll. Sie schenkt uns genug Stoff für lebenslanges Lernen, aber auch Vergnügen. Dieses Buch stellt die 100 häufigsten Probleme bei der Bienenhaltung vor und bietet jeweils praktische Lösungen an. Die Themen sind so gewählt, dass sie sowohl für Einsteiger als auch für schon erfahrenere Imker relevant sind. Das erste Kapitel startet mit den Grundlagen und widmet sich den häufigsten Anfängerfragen. In den folgenden Kapiteln finden Sie Themen, mit denen sich auch fortgeschrittene Imker immer wieder befassen werden, beispielsweise die Bildung von Königinnenablegern (Kapitel 5). Auf diese Weise erfahren Sie alles über die Grundlagen der Bienenhaltung: Ausrüstung und Zubehör, Pflege der Völker und Biologie der Bienen. Ein Kapitel widmet sich ganz dem Thema Schädlinge und Krankheiten. Und neben den Fragen der Bienenhaltung werden in eigenen Kapiteln auch die Ernte und Verarbeitung des Honigs sowie des Bienenwachses thematisiert.

Dieses Buch bringt Sie sicher und praxisnah auf den Weg zum routinierten Imker. Aufgrund seines Aufbaus können Sie es als Nachschlagewerk bei der Arbeit mit den Bienen benutzen, aber auch als Einführung in das Imkern lesen. Wenn Sie noch mehr über Bienen wissen möchten oder mit wachsender Erfahrung spezielle Fragen auftauchen, die in diesem Grundlagenwerk nicht beantwortet werden, finden Sie im Anhang Hinweise auf weiterführende Literatur. Obwohl die Menschen schon seit Hunderten von Jahren Bienen halten, steht die Bienenforschung quasi noch am Anfang, und es gibt viel zu entdecken und immer Neues zu lernen. Halten Sie die Augen also immer offen – für ein erfüllendes Leben mit Bienen!

I. KAPITEL
DIE GRUNDLAGEN

Seit vielen Hundert Jahren halten Menschen fast überall auf der Erde Bienen. Die Honig- und Bienenwachsernte war lange die Hauptmotivation, heute sprechen noch viele andere Gründe dafür. Unabhängig davon, ob Sie sich für das Imkern zur Selbstversorgung, zu kommerziellen Zwecken oder aus Liebe zur Natur entscheiden, und gleichgültig, ob Sie wenige oder viele Völker betreuen: Alle Arten des Imkerns erfordern dieselben grundlegenden Fertigkeiten.

Bevor es richtig losgeht, müssen sich Neuimker mit den typischen Anfangsthemen beschäftigen: Standort, Ausstattung und Aufbau des Stockes müssen geplant werden, das erste Bienenvolk muss besorgt und bestmöglich eingewöhnt werden.

Mit Ihrem ersten Bienenvolk übernehmen Sie Verantwortung, nicht nur für die Bienen, sondern auch für Ihre Nachbarn. Sprechen Sie mit allen Anwohnern und klären Sie sie über Ihr geplantes Hobby auf, bevor Sie sich Ausrüstung und Bienen anschaffen.

Wer sich von Anfang an gut informiert, findet sich rasch in die wichtigsten Aufgaben für einen guten Start ein. Bis man zu einem routinierten Imker wird, dürften ein paar Jahre vergehen, aber es wird ganz sicher eine spannende und erfüllende Zeit. Und mit wachsender Erfahrung kann man sich immer neuen Aspekten der Bienenhaltung zuwenden.

01 Imkern – wie fange ich am besten an?

DAS PROBLEM
Die vielfältigen Haltungsformen, die biologischen Fachbegriffe und die speziellen Bezeichnungen für Ausstattung und -zubehör sind verwirrend.

DIE LÖSUNG
In der Praxis der Bienenhaltung sind unterschiedliche Techniken und Pflegemaßnahmen möglich und üblich, die einen Anfänger schnell verwirren und überfordern können. Ehe Sie sich an spezielle Imkerformen und Prozeduren wagen, sollten Sie sicher mit allen notwendigen Grundtechniken vertraut sein. Bienen sind recht robust, und solange die Grundregeln im Hinblick auf Gesundheit, Qualität der Königin und der Futterquellen eingehalten werden, wird das Bienenvolk überleben. Mit Experimenten und falsch durchgeführten speziellen Techniken würden Sie den Bestand eines Volkes allerdings gefährden. Informieren Sie sich zu Beginn über folgende Themen:

- Wo finde ich Hilfe und Unterstützung (z. B. Imker-Vereinigungen, Freunde, Kurse)?
- Wo bekomme ich die notwendige Ausrüstung?
- Was ist der beste Standort für ein Bienenvolk?
- Wo und wann bekomme ich lebende Bienen?

Fachbücher zur Bienenhaltung sind häufig sehr detailliert und bieten gerade Anfängern zu viele Alternativen an. Suchen Sie nach einfachen, didaktisch gut aufbereiteten Einführungen, um sich mit den Grundlagen und Begriffen vertraut zu machen.

Die beste Quelle für kompetente Informationen sind immer noch erfahrene Imker. Suchen Sie in Ihrer Nähe nach einem langjährigen Imker, einem Verband oder Imkervereinen. Die Website des Deutschen Imkerbundes (www.deutscherimkerbund.de) bietet erste Orientierung. Weitere Adressen finden Sie im Anhang. Der Besuch eines Neuimkerkurses bereitet Sie am besten auf Ihr erstes eigenes Bienenvolk vor.

❋ *Ein Imkerpate begleitet den Neuimker ab dem Kauf des ersten eigenen Volkes etwa 2 bis 3 Jahre.*

02 Wann beginne ich mit der Bienenhaltung?

DAS PROBLEM

Es braucht Zeit, bis man die Ausstattung und das Grundwissen für die Bienenhaltung beisammen und einen Anbieter von Bienen gefunden hat. Und mit der Imkerpraxis kann man nicht zu jeder Jahreszeit beginnen.

DIE LÖSUNG

Ein Volk übersteht den ersten Winter nur, wenn es genug Zeit hatte, um Honigvorräte anzulegen und auf eine Größe von mindestens 5000 Tieren anzuwachsen. Im gemäßigten Klima Mitteleuropas sollte man deshalb rechtzeitig mit Beginn der warmen Jahreszeit ab Mitte April mit einem neuen Bienenvolk starten. Am besten erwerben Sie als Anfänger 2 bis 3 Ableger, das sind durch imkerlichen Eingriff entstandene neue Bienenvölker. Die beste Zeit dafür ist zwischen April und Mitte Mai, dann teilen die Imker ihre großen Völker. Oder Sie beginnen mit einem eingefangenen Schwarm zur Schwarmzeit zwischen Mai und Juni. Seltener werden bereits etablierte Bienenvölker mitsamt Kasten angeboten. Diese können zwar zu fast jeder Jahreszeit gekauft und umgesiedelt werden, stellen den Imker aber vor besondere Herausforderungen (siehe Problem 7).

Mit dem Imkern beginnt man nicht spontan: Erst, nachdem Sie sich umfassend über alle Aspekte des Imkerns informiert haben, sollten Sie den Schritt in die Praxis wagen. Der Spätsommer, wenn viele Imker mehr Zeit haben, ist eine gute Zeit, um sich theoretisch vorzubereiten. Der Besuch eines Kurses oder der Eintritt in einen Verein ist dringend empfehlenswert. Spätestens im Winter müssen Sie aber entscheiden, ob Sie sich an ein eigenes Volk wagen möchten. Dann bleibt genügend Zeit, Zubehör zu bestellen und einen Anbieter zu finden, bei dem Sie Ihr Bienenvolk erwerben können.

POLLENSAMMLER

Honigbienen tragen einen dichten, weichen Haarflaum. Kopf, Brust und Hinterleib – die drei Abschnitte des Bienenkörpers – sind behaart. Sogar um die Komplexaugen stehen Haare. Unter dem Mikroskop zeigt sich, dass Bienenhaare im Unterschied zum glatten Menschenhaar verzweigt sind. Die Pollenkörner bleiben an den Haaren haften und werden im Stock mit den Beinen abgestreift.

❋ *Im Frühling gehen die Bienen auf Pollensuche. Ein Bienenvolk braucht Zeit, um ausreichend Pollen zu sammeln, damit sich die Vorratsspeicher füllen und die Population zunimmt.*

03 Woher bekomme ich meine ersten Bienen?

DAS PROBLEM
Es ist für Neuimker nicht ganz einfach, eine verlässliche Quelle mit fairen Preisen zu finden, denn auch erfahrene Imker suchen im Frühjahr nach Völkern, um Winterverluste auszugleichen und ihren Bestand zu vermehren.

DIE LÖSUNG
Anfänger kaufen ihre ersten Bienen am besten in Begleitung eines erfahrenen Imkers, der die Vitalität und den Preis des Volkes angemessen beurteilen kann. Über Kaufoptionen informieren die regionalen Imkervereine, Blogs und Online-Foren. Dort erfährt man, wer Kunstschwärme oder Ableger (kleines Volk mit einer verpaarten Königin) anbietet. Auch in Online-Newslettern von Imkervereinen werden entsprechende Völker angeboten. Die Website www.schwarmboerse.de vermittelt durch den natürlichen Schwarmtrieb entstandene Schwärme.

Auf keinen Fall sollten Sie Angeboten vor der Auswinterung Ende März vertrauen. Die beste Jahreszeit zum Neustart ist die Schwarmzeit im späten Frühling (Mai–Juni). Dann kann der Zustand der Bienen nach der Überwinterung zuverlässig bewertet werden und die Population eines Ablegers hat genug Zeit, sich zu entwickeln. Außerdem teilen die Imker im April ihre Völker künstlich oder vermehren ihre Völker über den natürlichen Schwarmtrieb. Der Preis für einen Ableger liegt zwischen 40 und 60 Euro. In seltenen Fällen bieten Imker, die das Imkern aufgeben, auch etablierte Völker an. Für solche gut Honig produzierenden Wirtschaftsvölker (das ist ein »ausgewachsenes« Bienenvolk im 2. Jahr) muss aber ein entsprechend hoher Preis gezahlt werden. Mit jungen Populationen, also Ablegern oder eingefangenen Schwärmen, die sich erst noch in der Beute etablieren und zur vollen Stärke heranwachsen müssen, sind Anfänger am besten beraten: Ein Volk im Entwicklungsstadium erfordert bedeutend weniger Kenntnisse als ein Wirtschaftsvolk, das beispielsweise noch im gleichen Jahr zum Schwärmen neigen kann oder geteilt werden muss.

✿ *Diese Anfänger lassen sich praxisnah am Bienenstock beraten. Die besten lokalen Quellen für neue Bienen erfahren Sie bei Veranstaltungen von Imkern und in Einführungskursen.*

04 Wo stelle ich meinen Bienenstock am besten auf?

DAS PROBLEM

Bei der Suche nach dem passenden Standort für den Bienenstock müssen viele Faktoren berücksichtigt werden. Nicht jede Stelle ist geeignet und vielleicht erfüllt Ihr Garten nicht alle Voraussetzungen zu 100 Prozent.

DIE LÖSUNG

Bei der Standortsuche sind folgenden Kriterien wichtig:
- Bienen lieben Sonne. Nur in sehr heißen Regionen ist ein schattiger Standort erforderlich.
- Bienen brauchen stets Zugang zu Wasser. Stellen Sie notfalls eine Bienentränke auf.
- Bienenvölker, die vor kaltem Wind geschützt stehen, brauchen im Winter weniger Energie und schonen ihre Honigvorräte.
- Nehmen Sie Rücksicht auf Anwohner: Das Einflugloch darf nicht so ausgerichtet sein, dass die Bienen beispielsweise die Terrasse der Nachbarn kreuzen müssen.
- Der Bienenstock sollte nach Süden oder Südosten ausgerichtet sein, ohne direkte Hindernisse vor dem Flugloch.
- Der Bienenstock muss für den Imker gut zugänglich sein.
- Um die Ausbreitung von Bienenseuchen zu verhindern, werden zuweilen vorübergehend Sperrbezirke ausgeschrieben. Weder der künftige Standort Ihrer Bienen noch der Standort des Verkäufers darf in einem solchen Bezirk liegen.

Sollte der Standort eines bereits stehenden Bienenstocks eine der ersten drei Anforderungen nicht erfüllen, können Sie sich ohne Umsetzen behelfen: Schatten Sie das Bienenhaus mit einer Laube oder einem Sonnenschutz ab oder errichten Sie einen Windschutz. Barrieren wie Zäune oder Hecken zwingen die ausfliegenden Bienen in die Höhe und vergrößern den Sicherheitsabstand zum Nachbarn. Wenn sich das Umsetzen nicht vermeiden lässt, fragen Sie einen erfahrenen Imker um Rat.

BIENENSTÖCKE UMSETZEN

Bienenstöcke dürfen immer nur in kleinen Schritten umgesetzt werden. Wird das Haus tagsüber um einen Meter oder mehr verschoben, fliegen die Bienen nach dem Sammeln den alten Standort an. Ratsam ist es daher, das Bienenhaus vorsichtig im Winter umzusetzen, wenn das Bienenvolk in der Winterruhe ist.

❋ *Die meisten Imker betreiben heute die Bienenhaltung als Hobby und zum Vergnügen, weniger als Gelderwerb. Ein hübscher, friedlicher Bienenstock inmitten der ruhigen Natur sorgt für die ersehnte Entspannung nach der Arbeit.*

05 Was, wenn die Bienen bei Regen einziehen?

DAS PROBLEM

Zur »Wohnung« und Versorgung der Bienen gehört neben der Beute maßgeblich die freie Natur. Vieles lässt sich im Vorfeld organisieren, gutes Wetter jedoch nicht. Was also tun, wenn die Bienen bei ungünstiger Witterung angeliefert werden?

DIE LÖSUNG

Bienenvölker werden nicht bestellt und zu einem festgelegten Termin verschickt. Ihre Natur bestimmt in gewisser Weise mit, wann sie geteilt werden und somit »versandfertig« sind. Es kann also passieren, dass Ihre Bienen bei Regen ankommen. In diesem Fall dürfen Sie die Bienen nicht sofort freilassen: Die Wassertropfen können eine Biene zu Boden werfen. Und wenn sie nicht rasch wieder starten kann, wird sie verhungern oder ertrinken. Stellen Sie die Beute oder das Magazin mit den Bienen an den geplanten Standort und entfernen Sie alle Transportsicherungen. Stellen Sie, solange das schlechte Wetter anhält, ein Schälchen mit Zuckerlösung als Futter auf den Innendeckel unter der Abdeckhaube. Erst wenn sich das Wetter bessert, öffnen Sie das Einflugloch.

Kommen die Bienen bei gutem Wetter an, wird die Transportsicherung entfernt, das Einflugloch sofort geöffnet und ebenfalls ein Schälchen mit Zuckerlösung bereitgestellt.

Üblicherweise werden Bienenvölker und Ableger in den ersten paar Wochen mit Zuckerlösung in einem Futterdeckel versorgt. Eine Alternative sind Futtertaschen. Sie gleichen einem Bruträhmchen, werden am Rand der Zarge neben die anderen Rähmchen eingehängt und mit Zuckerlösung oder Futterteig gefüllt. Das Bienenvolk wird so lange gefüttert, bis es selbst Futter suchen kann.

Der Einzug bei Regenwetter hat jedoch auch eine positive Seite. Bienen sollten außerhalb der Flugzeit transportiert werden, also frühmorgens, spätabends oder an einem regnerischen Tag. Und durch die kurze Ausgangssperre kommen die gestressten Tiere etwas zur Ruhe.

06 Wie günstig und sicher ist gebrauchte Ausrüstung?

DAS PROBLEM
Wenn Anfänger sich komplett neu ausstatten, aber auch, wenn Imker sich vergrößern oder altes Material ersetzen, kommen schnell hohe Summen zusammen.

DIE LÖSUNG
Gebrauchte Kästen sind deutlich preiswerter als neue. Damit diese Rechnung aber auch aufgeht, muss der Zustand aller Teile gründlich geprüft werden. Als Anfänger nehmen Sie am besten einen erfahrenen Imker mit zum Kauf, egal ob es sich um neuwertige oder gebrauchte Ausstattung handelt.

Überprüfen Sie, ob die angebotenen Teile zu Ihrer vorhandenen Ausstattung passen und sich in Ihr System einfügen. Achten Sie auf eventuell vorhandene verfaulte Stellen und stellen Sie sicher, dass Sie bei Bedarf noch problemlos Ersatzteile kaufen können. Reparaturen lohnen sich nur dann, wenn sie nicht zu umfangreich sind. Alte Holzrähmchen und Mittelwände beispielsweise können sie gar nicht günstiger reparieren als neu kaufen.

Informieren Sie sich in einem Katalog über die gängigen Preise für entsprechende neuwertige Ware. Wenn Sie wissen, was die Teile gekostet haben und wie lange es dauert, sie zusammenzubauen, können Sie, je nach Alter und Zustand der gebrauchten Ware besser einschätzen, ob ein faires Angebot vorliegt.

Der wichtigste Punkt betrifft die Infektionsgefahr. Sind die Teile frei von Amerikanischer Faulbrut (Bösartige Faulbrut/Bienenpest; anzeigepflichtig!) und Europäischer Faulbrut? Fragen Sie den Anbieter immer auch, warum keine Bienen im Stock sind.

Neuimker können häufig auch eine Förderung der Erstausstattung beantragen. Dann darf das Material allerdings erst nach der Zusage erworben werden. Informieren Sie sich beim örtlichen Imkerverein.

07 Soll ich ein etabliertes Volk samt Beute kaufen?

DAS PROBLEM
Der Kauf eines Bienenstocks, also einer Beute mitsamt gut eingerichtetem Wirtschaftsvolk, ist eher etwas für Fortgeschrittene. Zu berücksichtigen sind dabei Faktoren wie Größe und Gesundheit der Völker, Zustand von Zargen und Zubehör sowie die Jahreszeit.

DIE LÖSUNG
Grundsätzlich sollten Anfänger mit Ablegern starten, da diese leichter zu handhaben sind (siehe Problem 2 und 3). Und für den Kauf eines etablierten Bienenvolkes mit Zubehör gilt dasselbe wie für den Erwerb gebrauchter Ausrüstung (siehe Problem 6): Hier ist dringend Profi-Unterstützung erforderlich! Denn Sie kaufen einen komplex funktionierenden Staat mit vielen Tausend lebenden Tieren. Am Anfang steht deshalb eine gründliche Untersuchung, zu der unbedingt ein sehr erfahrener Imker hinzugezogen werden sollte.

Achten Sie beim Kauf von Bienen mit Behausung auf einen Befall mit Varroa-Milben sowie auf andere Krankheiten und Schädlinge. Besonders gefährlich sind die Europäische und die Amerikanische (Bösartige) Faulbrut. Letztere ist eine anzeigepflichtige Tierseuche, mit deren Erscheinungsbild Sie unbedingt vertraut sein sollten (siehe Problem 69). Ein befallenes Volk muss mitsamt dem Stock vernichtet werden. Auch können Sperrbezirke ausgeschrieben werden, um die Ausbreitung der Bienenseuche einzudämmen. Kaufen Sie am besten nur Völker mit Gesundheitszeugnis. Im Zweifelsfall führen Veterinärbehörden (Unterabteilung des Landratsamtes) eine Prüfung durch. Ähnlich ist es mit der Europäischen Faulbrut (Problem 68).

Im Frühling kostet ein gutes Bienenvolk mehr als im Spätsommer, denn ein Volk mit produktiver Königin, das den schwierigen Winter gut überstanden hat, garantiert eine gute Honigernte.

Natürlich kommt es auch auf Qualität und Zustand der hölzernen Zargen an, doch die Gesundheit der Völker steht an erster Stelle.

EIN SELTENER FUND

Da das Interesse an der Imkerei in den vergangenen Jahren stark zugenommen hat, stieg auch die Nachfrage nach gesunden Bienenvölkern. Intakte Bienenvölker kommen immer seltener auf den Markt, etwa wenn ein Imker aufgibt. Das knappe Angebot bedeutet auch, dass die Preise steigen.

❊ *Diese Bienenstöcke gehörten einem Imker, der die Imkerei aufgegeben hat. Seine Bienenvölker sind kräftig und gesund, die Magazine bestehen aus einer bunten Mischung gekaufter und selbst gemachter Zargen. In diesem Fall bestimmte die gute Honigausbeute den Preis.*

08 Wie gehe ich mit ängstlichen Nachbarn um?

DAS PROBLEM
Niemand wird gerne von einer Biene gestochen, und viele Menschen fürchten sich vor starken allergischen Reaktionen auf einen Stich. Obwohl Bienen nur in seltenen Fällen stechen, sollten die Vorbehalte der Nachbarn ernst genommen werden.

DIE LÖSUNG
Grundsätzlich ist das Aufstellen von Bienenstöcken auch in Wohngebieten erlaubt, sofern dies als »ortsüblich« gilt. Manche Schrebergartenvereine verbieten die Bienenhaltung, andere wiederum begrüßen sie sogar. Erkundigen Sie sich zur Sicherheit bei Ihrer Gemeinde. Ein eindeutiges Gesetz gibt es nicht, aber trotz der grundsätzlichen Förderung der Bienenhaltung können Nachbarn unter Berufung auf § 906 Absatz 1 des BGB gegen sie klagen, wenn sie nicht als ortsüblich gilt. Am besten ist es deshalb, die Anwohner frühzeitig in die Planung mit einzubeziehen.

Wenn Sie sich mit den Nachbarn geeinigt haben, können Sie Folgendes tun, um die Nachbarn zu schützen: Falls Sie Bienen auf einem kleinen Gartengrundstück halten möchten, errichten Sie Barrieren, die die Bienen zu einem schnellen Aufstieg vor dem angrenzenden Grundstück zwingen: Pflanzen Sie eine schnell wachsende, etwa 1,80 m hohe Hecke. Den gleichen Zweck erfüllt ein Standort direkt am Haus. Richten Sie in der Nähe des Bienenhauses eine gut erreichbare Wasserstelle ein, damit sich die Bienen nicht etwa am Teich des Nachbarn versorgen. Legen Sie die Arbeiten am Stock auf Zeiten, wenn die Nachbarn nicht zu Hause sind. Beugen Sie der Schwarmbildung vor, damit nicht ein Bienenschwarm auf dem Nachbargrundstück landet. Weisen Sie auch Besucher oder Handwerker stets auf die Bienen hin.

Handeln Sie unbedingt verantwortungsvoll: Halten Sie die Völker unter Kontrolle und muten Sie sich nicht zu viele Bienenstöcke zu. Stellen Sie die Magazine nicht direkt am Zaun oder neben Durchgängen auf.

❋ Diese Bienenstöcke stehen vor einer hohen Mauer: Ausfliegende Bienen müssen hoch steigen und fliegen nicht direkt in den nachbarlichen Garten.

AUF GUTE NACHBARSCHAFT

Mit einer Rundumversorgung im eigenen Garten halten Sie Ihre Bienen fern vom Nachbargrundstück: Stellen Sie eine Bienentränke auf und pflanzen Sie pollen- und nektarreiche Pflanzen. Für alle Fälle sollten Sie eine Haftpflichtversicherung abschließen. Die bekommen Sie günstig über den örtlichen Imkerverein.

09 Wie arbeite ich schonend am Magazin?

DAS PROBLEM

In der modernen Imkerei liegt die Völkerstärke oft viel höher als in der Natur. In der aktiven Jahreszeit scheinen die Beuten regelrecht überzuquellen. Wenn die Rähmchen umgeordnet oder die Beuten umgesetzt werden, kann es passieren, dass Bienen zerdrückt werden.

DIE LÖSUNG

Leider gibt es keine Ideallösung, um bei der Arbeit an den Beuten jeglichen Verlust oder die Verletzungen von Bienen auszuschließen. Eine der wichtigsten Schutzmaßnahmen ist, ruhig und gezielt zu agieren. Wenn Sie also Arbeiten am Stock durchführen, nehmen Sie sich ausreichend Zeit, um bedächtig arbeiten zu können, sodass die Bienen die Möglichkeit haben, auszuweichen. Damit schonen Sie nicht nur die Tiere, sondern auch sich selbst, denn die Pheromone toter oder verletzter Bienen machen das Volk angriffslustig. Ruhiges Arbeiten heißt allerdings nicht, zu trödeln. Steht die Beute zu lange offen, reizt das die Bienen und das Risiko von Verletzungen steigt auf beiden Seiten.

Um die Bienen zurück in die Beute oder aus der Gefahrenzone zu treiben, verwenden Sie Rauch. Dabei ist gewöhnlich kein übermäßiger Einsatz nötig. Nur wenn die Völker sehr groß sind, erreicht ein Rauchstoß zu wenige Bienen und wirkt daher nicht schnell genug.

In begrenztem Maße sind auch Abkehrbesen wirksam, aber Bienen mögen es nicht besonders, wenn Sie weggebürstet werden – vor allem nicht mit Borsten aus Tierhaaren.

Sobald Sie erfahren genug sind und ohne Handschuhe arbeiten können, werden ihre Bewegungen noch gezielter und kontrollierter.

GROSSREINEMACHEN

Tote und verletzte Tiere werden von den Bienen verzehrt oder mühevoll aus dem Stock transportiert. Dennoch sollten Sie tote Bienen nicht einfach liegen lassen – das bindet unnötig Kraftressourcen und schwächt das Volk noch zusätzlich zum Verlust der zerdrückten Bienen.

❋ Beuten mit einem Bienenvolk dieser Größe können nicht geöffnet, umsortiert und wieder geschlossen werden, ohne dass einige Bienen zerdrückt werden. Treiben Sie bei der Arbeit an der Beute möglichst viele Bienen mit Rauch oder einem Abkehrbesen beiseite.

10 Wie arbeite ich im Garten, ohne die Bienen zu reizen?

DAS PROBLEM

Rasenmäher und andere Geräte, die in direkter Nähe eines Bienenstocks benutzt werden, machen Bienen nervös. Sind die Bienen zudem noch durch andere Auslöser gereizt, können sie aggressiv werden.

DIE LÖSUNG

Es gibt unterschiedliche Gründe, warum ein Bienenvolk in eine Verteidigungshaltung geraten kann: Futtermangel etwa, eine zu dichte Population oder Störungen durch Wildtiere können die sonst friedlichen Bienen reizen. Auch ein Wetterumschwung hat zuweilen eine Auswirkung auf das Volk. Lärmende oder geruchsintensive Gartenarbeiten zählen ebenfalls dazu. Und wenn ein Volk ohnehin schon nervös ist, wird ein Rasenmäher die Bienen noch stärker irritieren. Versuchen Sie also, solche Reizkombinationen zu vermeiden.

Besonders aggressiv reagieren Bienen auf Geräte mit Benzinmotor, denn der Geruch von Kohlendioxid signalisiert Gefahr. Arbeiten Sie daher am besten mit Elektrogeräten oder Handwerkzeugen. Viele Imker mähen frühmorgens außerhalb der Flugzeit. Achten Sie außerdem auf ausreichende Schutzmaßnahmen und tragen Sie in der Nähe der Stöcke zumindest einen Schleier. Halten Sie einen Smoker bereit, um sich bei Bedarf sicher zurückziehen zu können. Wenn die Bienenwohnungen auf Stützen stehen, muss auch darunter gemäht werden. Manche Imker halten den Raum unter den Stöcken lieber mit einer Schotter- oder Mulchschicht frei.

Warnen Sie auch an unbeteiligte Zuschauer vor, so können Familienmitglieder und Nachbarn der »Gefahr« ausweichen.

❀ *Bei der Gartenarbeit in der Nähe von Bienenstöcken empfiehlt sich Schutzkleidung, denn ohnehin auf Verteidigung eingestellte Bienen werden leicht aggressiv.*

2. KAPITEL
DIE AUSRÜSTUNG

Die Grundausstattung für die Bienenhaltung ist überschaubar. Sie brauchen Schutzkleidung, die Sie vor übermäßig vielen Stichen schützt, und eine Behausung für die Bienen, die sogenannte Beute. Der Rest ergibt sich in der täglichen Praxis.

Bienen brauchen zum Aufbau eines Volkes eine leere, trockene und dunkle Behausung (ca. 30 × 30 × 30 cm) mit einem Eingang, den sie verteidigen können. Sie sind dabei relativ anspruchslos und geben sich mit den meisten Beutetypen zufrieden. Die Magazinbeute ist die meistgenutzte Beuteform in Deutschland. Sie besteht aus einem Stapel (»Magazin«) Holzkisten (»Zargen«) mit je 8–10 Holzrähmchen für die Waben. Sie kann nach Bedarf zusammengestellt werden und besteht aus einem Boden, einer oder mehreren Zargen und einem Deckel. Sie ist eine sogenannte Oberbehandlungsbeute, d. h., man kann von oben jede einzelne Wabe herausnehmen. Die Magazinbeute kann frei aufgestellt werden. Ein Bienenhaus ist nicht notwendig.

Die im deutschen Sprachraum verbreitetsten Zargen- und Rähmchengrößen sind Deutsch-Normal-, Zander-, Kuntzsch-, Langstroth- und Dadantmaß. Fragen sie einen erfahrenen Imker, welches System in Ihrer Region üblich ist. Nachdem Sie sich für ein System entschieden und erste Erfahrungen gesammelt haben, können Sie über zusätzliche Bienenstöcke nachdenken.

11 Warum passen einzelne Teile oft nicht zusammen?

DAS PROBLEM

Weltweit sind viele unterschiedliche Systeme in Gebrauch. Günstige Gebrauchtware ist verlockend, doch häufig passen einzeln gekaufte Teile nicht zusammen, da die Hersteller der Zargen nicht immer mit genormten Maßen und Formen arbeiten.

DIE LÖSUNG

Die Anbieter von Imkereibedarf bieten unterschiedliche Zargen und die dazu passenden Rähmchen an. Am gängigsten sind Holzzargen, die zu einem Magazin aufgestapelt werden. Sie tragen Namen wie »Zanderbeute nach Dr. Liebig«, »Heroldbeute« oder »Normalmaßbeute«. Kästen mit beweglichen Wabenleisten ohne Rähmchen (»Top Bar Hives« oder Oberträgerbeuten) sind zunehmend bei Bio-Imkern beliebt, eignen sich aber eher für warme Klimate. Die Zargentypen sind kaum untereinander austauschbar.

Zargen verschiedenen Typs lassen sich manchmal mit etwas Improvisation zu Magazinen kombinieren. Bedenken Sie jedoch immer, dass Sie zügig und unkompliziert am Magazin arbeiten können sollten, um die notwendigen imkerlichen Eingriffe für die Bienen so stressfrei wie nur möglich zu gestalten. Zu viele Teile, die nicht dem Standard entsprechen, erschweren den Umbau des Magazins erheblich. Wenn beispielsweise die Brutraumzargen im Frühling umgesetzt werden, muss unter Umständen jedes Rähmchen einzeln in eine andere Zarge gesetzt werden, statt die komplette Zarge umzusetzen.

Neuimker beginnen am besten mit der Ausrüstung, die in ihrer Region üblicherweise in Gebrauch ist. Wer sich vergrößern oder altes Material ersetzen möchte, dürfte dann kein Problem haben, passendes Material zu beschaffen.

❋ *Die jeweiligen Komponenten dieser drei Zargen nach USA-Maßen – 8er- und 10er-Beute und eine größere aus Styropor – sind nicht beliebig untereinander austauschbar.*

MEIN STOCK IST MEINE BURG

Bienen haben kein »Lieblingsdesign«. Sie kommen mit jeder Ausstattung zurecht – solange sie darin den notwendigen Schutz und die Ruhe finden, um sich gut zu entwickeln. In der Regel finden sich Bienen mit dem Geschmack ihres Imkers ab, es kommt aber durchaus vor, dass sie einen ungeliebten Kasten verlassen. Kunststoffzargen beispielsweise isolieren zwar gut, sind aber ohne Anstrich viel zu lichtdurchlässig.

12 Wie schütze ich meine Bienenstöcke vor Diebstahl?

DAS PROBLEM

Da die Bienenhaltung fast überall auf der Welt zunehmend beliebter wird, werden Honigbienen und ihre Beuten zu einem knappen Gut und die Ausrüstung wertvoller. Stöcke stehen meist in offener Landschaft und könnten zum Ziel von Dieben werden.

DIE LÖSUNG

Für einen Hobbyimker sind professionelle Präventionsmaßnahmen wie elektrische oder abschließbare Zäune und Alarmanlagen zu teuer. Eine Markierung der Zargen, die nicht entfernt werden kann, ist preiswerter und könnte Diebe abschrecken, da sich später, sollten die Zargen wieder auftauchen, der Eigentümer eindeutig feststellen lässt.

Holzgeräte werden traditionell mit charakteristischen Brandzeichen markiert. Brennen Sie das Zeichen gut sichtbar ein, bevor Sie die Zargen anstreichen. Da große Brandeisen sehr teuer sind, versuchen Sie am besten, ein Eisen zu leihen. Vielleicht kann der örtliche Imkerverein helfen. Kleine Brandzeichen sind zwar billiger, die Markierungen lassen sich aber leichter entfernen.

Bunte Anstriche können zu leicht überstrichen werden. Auch ein Namenszeichen innen in der Zarge ist wenig sinnvoll, da man zur Identifizierung den Kasten öffnen muss.

Inzwischen gibt es auch die Möglichkeit, Bienenstöcke mit einem kleinen GPS-Sender auszustatten. Ein Diebstahl löst einen Alarm auf dem Mobiltelefon des Besitzers aus. Das Brandzeichen auf einer hölzernen Zarge ist jedoch noch immer die gebräuchlichste Methode. Häufen sich in Ihrer Region die Diebstähle von Bienenvölkern, können Sie auch über eine Versicherung nachdenken.

❋ *Bunt angestrichene Beuten in Italien. Die Farbe macht sie unverwechselbar, doch der unrechtmäßige neue Besitzer könnte sie problemlos überstreichen. Ein Brandzeichen ließe sich nicht so leicht übermalen.*

13 Wie schütze ich Bienenkästen vor Verwitterung?

DAS PROBLEM

Zargen werden, wenn überhaupt, nur außen angestrichen. Die hohe Luftfeuchtigkeit im Inneren einer voll besetzten Bienenbeute dringt durch das Holz und greift die Lackierung von innen an.

DIE LÖSUNG

Eine Holzzarge hält im Dauereinsatz etwa sieben Jahre. Es gibt verschiedene Methoden, damit sie länger haltbar und ansehnlich bleibt. Am einfachsten ist es, ganz auf einen Anstrich zu verzichten. Dafür eignen sich Zargen aus Rotzederholz besonders gut, das einen natürlichen Holzschutz besitzt. Über die Jahre kleiden die Bienen eine ungestrichene Zarge innen mit Propolis (Kittharz) und Wachs aus und verlängern damit die Lebensdauer ihrer Beute selbst.

Die zweite Möglichkeit ist ein Anstrich, der alle drei bis vier Jahre erneuert werden muss. Es empfiehlt sich, den Anstrich außen erst dann aufzutragen, wenn die Bienen die Beute innen mit einer Propolisschicht isoliert haben, sodass die Feuchtigkeit von innen den Außenanstrich nicht abplatzen lässt. Manche Imker helfen etwas nach, indem sie die Zarge von innen mit einer Propolislösung streichen. Bei den widerstandsfähigen Zargen aus Rotzederholz reicht ein Außenanstrich mit Leinöl, der die natürliche Holzfarbe zur Geltung bringt. Schaumstoffbeuten haben den Vorteil, dass sie nicht verwittern wie Holz. Da sie lichtdurchlässig sind, sollten sie sofort von außen gestrichen werden, damit es im Stock dunkel ist.

Die dritte Möglichkeit ist ein insektizidfreies Imprägnieröl, das für alle Weichhölzer geeignet ist. Der Schutzanstrich bewahrt die natürliche Holzfarbe, muss aber sehr lange trocknen. Auch kann der intensive Geruch die Bienen stören.

UNSICHTBARER SCHIMMEL

Der dünne Honigbelag auf gelagerten Zargen ist ein guter Nährboden für Schimmelpilze. Dieser Schimmel ist nicht wirklich gefährlich, sieht aber unschön aus. Reinigen Sie die Oberflächen mit einem Hochdruckreiniger, bevor sie die Zargen frisch lackieren.

❋ *Die Zargen links wurden mit einer transparenten Beize gestrichen, die auch für Holzhütten verwendet wird. Sie dringt in das Holz ein, sieht ansprechend aus, muss aber genauso häufig wie normale Farbe erneuert werden. Der Kasten rechts wurde mit Latexfarbe für den Außenbereich gestrichen. Wie zu erwarten, altert sie nach einigen Jahren und wird von Mehltaupilzen besiedelt.*

14 Wie löse ich einen verklebten Innendeckel vom Magazin?

DAS PROBLEM

Wenn das Bienenvolk zu stark geworden ist und der Platz nicht mehr ausreicht, bauen die Tiere »wild« neue Waben zwischen den Oberträgern und dem Innendeckel des Magazins. Wenn das Wachs als »Wachsbrücke« Deckel und Rähmchen verklebt, lässt sich der Deckel nicht mehr abheben.

DIE LÖSUNG

Dieses Problem tritt regelmäßig auf. Normalerweise lässt sich der Innendeckel problemlos abheben: Man schiebt den Stockmeißel in die Fuge zwischen der obersten Beute und dem Innendeckel und hebelt ihn auf. Ein starkes Volk nutzt jedoch jede Lücke, um darin neue Waben für Honig oder Drohnen zu bauen. Man nennt dies Wildbau. Wenn der Innendeckel über mehrere Jahre nicht abgehoben wurde, klebt er so fest an der Zarge, dass er beim gewaltsamen Aufhebeln sogar zerbrechen kann. Auch die Rähmchen (Holz oder Plastik) können über Wachsbrücken mit der Zarge verkleben. Solche Beuten sind kaum noch sinnvoll zu nutzen.

Schaben Sie Propolis (Kittharz) und die Waben jedes Mal ab, wenn Sie die Beute öffnen, damit sich keine Wachsbrücken bilden können. Alternativ können Sie regelmäßig jeweils nur ausgewählte Rähmchen herausnehmen und darauf Propolis und Wildbau entfernen. Auch in Beuten, in denen stets genügend Platz für den Wabenbau zur Verfügung steht, verzichten die Bienen eher auf Wildbau. Sobald neue Rähmchen eingehängt werden, beginnen die Bienen aber damit, alle Teile zu verkleben und zu versiegeln. Vor allem, wenn die Sammlerinnen reichlich Nektar (»Nektarfluss«) und Pflanzensäfte in den Stock bringen, ist die Gefahr groß, dass ein Bienenvolk jeden freien Raum für Wildbau nutzt.

WILDBAU IST NATÜRLICH

Wenn ein wildes Bienenvolk eine natürliche Höhle besiedelt, beginnt es an der höchsten Stelle direkt an der Höhlendecke und baut ausladende Naturwaben nach unten. Dass manche Völker Wachsbrücken in Beuten anlegen, könnte daran liegen, dass sie versuchen, die für sie unnatürlichen Lücken über und zwischen den Rähmchen zu schließen. Dadurch nähert sich das Nest mehr dem natürlichen Aufbau an.

❋ *Der Innendeckel soll auch verhindern, dass die Haube mit dem Magazin verklebt. Wird die Haube abgehoben, lässt sich der Innendeckel mit einem Stockmeißel in der Fuge von der Beute abheben. Dieser Innendeckel wurde für den Winter umgedreht.*

15 Wie verhindere ich Kondenswasser in der Beute?

DAS PROBLEM
In fast allen künstlichen Beuten sammelt sich unter bestimmten Bedingungen Feuchtigkeit an. Kunststoffbeuten ohne jeglichen Luftaustausch sind in dieser Hinsicht besonders anfällig.

DIE LÖSUNG
Im Winter sammelt sich in den meisten Bienenstöcken Wasser an. Ein gesundes Volk braucht auch eine gewisse Feuchtigkeit. Im Brutnest herrscht eine konstante Luftfeuchtigkeit von mindestens 60 %. Sie entsteht durch die Stoffwechselaktivität der Bienen, die sich in einer Wintertraube dicht aneinander drängen. Die feuchte, warme Luft steigt auf, kondensiert am Deckel und gefriert bei Minustemperaturen. In kalten Wintern kann dabei durchaus viel Eis entstehen. Wenn das Eis im Frühling wieder schmilzt, tropft das Wasser auf die Bienen.

Wilde Bienen in einem natürlichen Nest werden mit der Feuchtigkeit fertig. Die beste Lösung für ein Magazin ist, bei der Abdeckung darauf zu achten, dass sie zwar vor Zugluft schützt, aber einen Luftaustausch durch Abstandhalter ermöglicht. Ideal sind hier Stülpdeckel. So kann die warme Luft entweichen, anstatt zu kondensieren und zu gefrieren. Daneben sind auch Bodengitter empfehlenswert. Durch sie fließt das Wasser unten ab. Das Gitter verbessert außerdem den Luftaustausch und lässt Varroa-Milben einfach herausfallen.

In den nahezu wasserundurchlässigen Kunststoffbeuten sammelt sich überraschend viel Wasser an. Eine Wintertraube kann jedoch auch bei mehrere Zentimeter hohem Wasserstand im Boden recht gut überwintern.

❊ *Eine alte, robuste und haltbare Styroporbeute. Eine gute Entlüftung verringert die Wassermenge, die die warme Wintertraube produziert und die sich in den Wintermonaten ansammelt. So kann das Volk sicher überwintern.*

FANTASTISCHES PLASTIK?

Die meisten Kunststoffbeuten bestehen aus Hartstyropor, isolieren sehr gut und sind zudem sehr leicht. Das problematische Kondenswasser wird durch die Bauweise moderner Beuten weitgehend verhindert. Nachteilig an den Styroporbeuten ist, dass sie anfällig für Tierfraß durch Spechte, Marder oder Mäuse sind.

16 Was ist zu tun, wenn die Mittelwand nicht passt?

DAS PROBLEM

Das größte Problem beim Zusammenbau der Beute sind Mittelplatten aus Bienenwachs, die nicht zur Rähmchengröße passen. Auch unflexible Einsätze können den Einbau erschweren.

DIE LÖSUNG

Zu lange Mittelwände, die nicht in die Rähmchen passen, werden mit einer Schere auf dir richtige Länge zugeschnitten. Die Mühe lohnt sich, falls nur wenige Mittelwände eingesetzt werden müssen. Sind sie zu kurz für die Rähmchen, bleibt unten ein Spalt frei. Diese Lücke verschließen die Bienen, wenn sie die Waben bauen, aber selbst. Kaufen Sie Mittelwände möglichst beim Hersteller der Rähmchen und achten sie auf denselben Typ.

Die ersten Mittelwände bestanden zu 100 % aus reinem Bienenwachs. Eine moderne Alternative sind mit Bienenwachs beschichtete Plastikwaben mit aufgeprägtem Zellenmuster. Sie sind zwar stabiler, werden aber von den Bienen häufig nicht gut angenommen. Deshalb und aus ökologischen Gründen bevorzugen auch viele Imker die Arbeit mit Wachsmittelwänden. Immer mehr Imker entscheiden sich mittlerweile bewusst für den Naturwabenbau ganz ohne Mittelwände.

Die Mittelwände werden in gedrahtete Rähmchen eingelötet. Neuimker sollten fertig gedrahtete Rähmchen verwenden; erfahrene Imker ziehen den Draht selbst ein. Beim Einlöten wird ein schwacher Gleichstrom (Gleichstromtrafo) an den Draht gelegt. Der Draht erwärmt sich und schmilzt in das Wachs der Mittelwand ein.

✱ Ein Imker setzt eine Mittelwand aus Kunststoff in ein Rähmchen ein. Die passende Mittelwand wird in Nuten von Oberträger und Unterteil eingepasst und festgedrückt. Nach dem Einschnappen sitzt die Mittelwand fest im Rähmchen.

GEDRAHTETE RÄHMCHEN

Der Draht, der in die Rähmchen eingezogen und mit der Mittelplatte verlötet wird, erhöht die Stabilität der Mittelwände. Das Einlöten der Mittelwände gehört zu den traditionellen Imkerarbeiten im Winter. Der Aufwand ist nicht unerheblich, aber viele Imker führen diese fast schon meditative Arbeit gerne aus.

17 Mit welchem Werkzeug wird ein Bienenstock geöffnet?

DAS PROBLEM

Bienen dichten ihre Wohnung ständig mit Propolis ab und nützen jede Lücke für neue Waben. Die Beute lässt sich deshalb nicht mit bloßen Händen öffnen.

DIE LÖSUNG

Natürlich kann diese Arbeit zur Not auch mit einem Stemmeisen erledigt werden. Im Laufe der Zeit beschädigen Sie mit diesem Werkzeug jedoch die Kanten der Zargen und verkürzen damit deren Lebensdauer. Mit improvisiertem Werkzeug dauert die Arbeit außerdem länger und damit erhöht sich das Risiko, dem Bienenvolk zu schaden. Es ist daher sinnvoll, sich die speziellen Imkerwerkzeuge zuzulegen. Erfahrene Imker benutzen verschiedene Werkzeuge – und haben stets Ersatz vorrätig, falls einmal ein Werkzeug verloren gehen sollte.

Gab es früher nur wenige Werkzeuge in einfacher Ausführung, die kaum mehr waren als Stemmeisen, bieten die Anbieter von Imkereibedarf heute diverse Stockmeißel aus Feder- oder Edelstahl an. Diese robusten Werkzeuge sind sehr vielseitig. Sie eignen sich alle sowohl zum Öffnen des Deckels als auch zum Auskratzen von Beuten und Rähmchen.

Stark mit Propolis und Wachs verklebte Rähmchen lassen sich kaum herausheben. Versucht man es dennoch, kann der Oberträger unter dem starken Zug brechen oder sich von den Seitenteilen lösen. Stellen Sie in diesem Fall die Beute auf den Kopf und klopfen Sie von unten mit dem Hammer ein oder zwei Rähmchen heraus. Sobald sich die ersten Rähmchen gelöst haben, können Sie die übrigen leichter entnehmen.

MISSGESCHICKE MIT IMKER-WERKZEUGEN

Hantieren Sie vorsichtig mit den Imkerwerzeugen. Stockmeißel, die Sie in die Gesäßtasche stecken und vergessen, können beim Einsteigen ins Auto das Sitzpolster beschädigen. Verletzungsgefahr besteht, wenn sich beim Aufstemmen von Deckeln oder dem Lösen festsitzender Teile eine geleimte Verbindung abrupt löst.

❋ *Stockmeißel sehen zwar alle etwas unterschiedlich aus, ihnen gemeinsam ist aber die breite Schneide, um Rähmchen zu lösen und Propolis abzuschaben.*

18 Behindert ein Absperrgitter das Bienenvolk?

DAS PROBLEM

Viele Imker glauben, dass ein Absperrgitter die freie Beweglichkeit der Arbeiterinnen hindert und Honig daher nur unterhalb des Gitters oder gar nicht eingelagert wird.

DIE LÖSUNG

Die Aufgabe eines Absperrgitters besteht darin, den Honigraum vom Brutraum zu trennen. Dadurch soll die Königin daran gehindert werden, in bestimmte Zargen vorzudringen. Wo die Königin nicht hinkommt, werden keine Brutzellen gebaut und die Arbeiterinnen legen nur Honigzellen an. Der Abstand der Gitterstäbe aus Metall oder Kunststoff beträgt 4,2 mm und ist somit für die Königin und auch die Drohnen zu eng, für die Arbeiterinnen problemlos passierbar.

Die Trennung von Honig- und Brutraum ermöglicht dem Imker eine einfache und ergiebige Honigernte und eine effektive Kontrolle. Er bestimmt mit dem Absperrgitter, wie die Bienen den Platz in der Beute nutzen – wie viel für den Ausbau der Population und wie viel für die Honigeinlagerung. Die Gegner von Absperrgittern argumentieren, dass schwer beladene Bienen nur sehr unwillig durch das Gitter schlüpfen und so der Arbeitsablauf des Volkes gestört bzw. nicht überall im Stock gleichmäßig Honig eingelagert wird.

Absperrgitter gehören heute jedoch zum traditionellen Imkerinventar, da sie die Ernte erleichtern. Imker, die viele Beuten zu betreuen haben, werden das Absperrgitter mit Sicherheit einsetzen, während Imker mit wenigen Völkern eher darauf achten können, dass die Königin nicht in einer Honigbeute brütet, aus der Sie Honig ernten wollen. Das größte Risiko in Magazinen ohne Trenngitter besteht jedoch darin, dass Sie beim Abheben einer Honigraumbeute versehentlich die Königin aus dem Stock entfernen.

Achten Sie bei der Montage des Gitters ist darauf, dass keine größeren Lücken entstehen, durch die eine Königin dennoch durchschlüpfen könnte.

✼ *Ein Imker löst Wachs von einem Absperrgitter aus Zink. Die Gitter müssen sehr vorsichtig behandelt werden, denn Königinnen finden jede Lücke. Absperrgitter werden aus verschiedenen Materialien hergestellt; manche Imker bevorzugen Plastik.*

Die Ausrüstung

19 Welche Handschuhe stören am wenigsten?

DAS PROBLEM
Bei heißem Wetter oder wenn die Handschuhe mit Honig getränkt sind, leidet die Feinmotorik der Finger und gefühlvolles Arbeiten wird schwierig.

DIE LÖSUNG
Wenn sich ein Volk bedroht fühlt, stellen sich die Bienen auf Verteidigung ein. In extremen Fällen, wenn etwa an mehreren Magazinen Eingriffe erfolgen und viele Bienen ausfliegen, ist Schutzkleidung unbedingt erforderlich. Zur Standardbekleidung gehören, sogar während einer Routineuntersuchung, ein Imkerhut mit Schleier, ein Imkeranzug und Handschuhe.

Jeder Handschuhtyp hat Vor- und Nachteile, doch alle behindern mehr oder weniger das gefühlvolle Arbeiten an den Magazinen. Im Bereich des Nagels ist ein durchschnittlicher Finger 1 cm dick, mit Handschuhen 1,3 cm. Da der Abstand zwischen den Rähmchen 6 mm bis 1 cm beträgt, leidet die Arbeit am Magazin vor allem mit dicken Handschuhen.

In Handschuhen aus Plastik oder Gummi geraten die Hände ins Schwitzen. Dünne Einmalhandschuhe bieten jedoch zu wenig Schutz, denn der Bienenstachel dringt durch das Material. Versuchen Sie, zwei Paar Einmalhandschuhe übereinander zu ziehen. Wechseln Sie dabei immer den äußeren Handschuh, wenn sie am nächsten Magazin arbeiten, um keine Krankheiten zu übertragen. Schwere Handschuhe aus Segeltuch sind preiswert und halten eine Weile. Handschuhe aus Ziegen- oder Nappaleder sind noch langlebiger, lassen sich aber nur schwer reinigen.

Für manche imkerlichen Arbeiten wie das Desinfizieren einer Beute sollten Sie jedoch in jedem Fall ein Paar säurefester Handschuhe zur Verfügung haben.

✽ *Diese Handschuhe aus weichem Leder mit langen Stulpen aus steiferem Leder sind am Handgelenk mit einem luftdurchlässigen Band verschlossen. Desinfizieren sie diese säurefesten Handschuhe nach der Arbeit in Ätznatron (Sicherheitshinweise beachten).*

BEWEGLICHE FINGER

Die Finger der Handschuhe scheuern sich regelmäßig durch und legen die empfindlichen Finger frei. Es gibt Imker, die die Löcher mit Klebeband verschließen, um die Handschuhe etwas länger gebrauchen zu können. Damit wird die Beweglichkeit allerdings noch stärker eingeschränkt. Am besten geeignet sind hochwertige Lederhandschuhe mit Lüftung. Die gelegentliche Behandlung mit Lederöl hält sie geschmeidig.

20 Wie verhindere ich, dass der Smoker ausgeht?

DAS PROBLEM

Die Glut im Innern des Smokers wird über einen Blasebalg mit Luft versorgt. Wenn der Blasebalg nicht alle paar Minuten betätigt wird, geht sie aus.

DIE LÖSUNG

Der Smoker ist ein wertvolles Hilfsmittel für die Arbeiten am Bienenstock. Der Rauch überdeckt kurzfristig die chemischen Signale, die vom Bienenvolk als Kommunikationsmittel benutzt werden. Solange die Bienen unfähig sind, eine wirkungsvolle Abwehr zu koordinieren, kann der Imker seine Arbeiten weitgehend ungestört erledigen.

Die Rauchwirkung verschafft dem Imker durchschnittlich 10 Minuten Ruhe, ehe sie nachlässt. Wird der Blasebalg des Smokers nicht mindestens alle 10 Minuten gedrückt, verlischt die Glut, weil sie nicht mehr mit Sauerstoff versorgt wird. Früher oder später erlebt jeder Imker daher das folgende Szenario: Wenn die Bienen ihre Verteidigung wieder zu organisieren beginnen, greift der Imker zum Smoker – und die Glut ist erloschen. Nun muss der Smoker bei offener Beute und aufgeregten Bienen neu angezündet werden.

Legen Sie immer eine gute Grundlage für die Glut, um böse Überraschungen zu vermeiden: Beginnen Sie mit Zeitungspapier oder trockenen Kiefernnadeln. Pumpen Sie Luft hinein, bis eine offene Flamme erscheint. Geben sie nach und nach mehr Brennstoff dazu und pumpen Sie immer wieder bis zur offenen Flamme. Sobald das Feuer dauerhaft raucht, wird der Smoker verschlossen und der Blasebalg regelmäßig betätigt. Sie brauchen viel kalten weißen Rauch. Bläulicher heißer Rauch ist ungeeignet, er erregt die Bienen und es besteht die Gefahr, dass er ihre Flügel ansengt.

BRENNSTOFF FÜR DAS FEUER

In Smokern wird unterschiedliches Brennmaterial verwendet. Für eine schnelle Kontrolle nimmt man schnell brennendes Material wie Kiefernnadeln oder trockenes Laub. Soll die Glut länger halten, sind Hobelspäne, Sackleinen, verfaultes Holz oder Lumpen besser geeignet. In Ihrem eigenen und im Interesse der Bienen sollten Sie so wenig Rauch wie möglich einsetzen.

❋ *Solange weißer Rauch aus dem Smoker aufsteigt, ist ausreichend Glut vorhanden. Ein großer, gut geschürter Smoker, der ab und zu nachgefüllt wird, hält den ganzen Tag. Zu viel Glut produziert allerdings sehr heißen Rauch. Das Drahtgitter hält Finger und Hand vom heißen Metall fern. Hantieren Sie stets sehr sorgfältig mit dem Smoker, da die Glut einen Brand auslösen kann.*

21 Wie optimiere ich zu flache Griffmulden an den Zargen?

DAS PROBLEM

Bei einer Holzzarge mit 20 mm starken Wänden können die ins Holz eingeschnittenen Griffmulden höchstens etwa 1–1,5 cm tief sein. Mit Handschuhen rutscht man in solchen Mulden leicht ab.

DIE LÖSUNG

Dünnwandige Holzzargen mit flachen Griffmulden lassen sich nur schwer handhaben, vor allem wenn die Beute mit Honig beladen ist und von zahlreichen, vermutlich wütenden Bienen verteidigt wird. Mit der schweren Schutzkleidung und auf einem unebenen Untergrund kann die Arbeit schwierig werden. Letztlich sind alle mit Honig gefüllten Beuten, gleich welchen Typs, schwer und unhandlich. Bei einigen Typen sind seitliche Griffleisten angebracht, andere haben nur Griffmulden. Es wäre zwar vernünftig, alle Zargen mit stabilen Griffen auszustatten, aber die Hersteller halten sich in der Regel an traditionelle Lösungen.

Befestigen Sie oberhalb der versenkten Griffmulden je eine stabile Holzleiste, die einen festen Griff ermöglicht. Nageln oder besser schrauben Sie die Leisten an den Kanten der Zargen fest. Fixieren Sie die Leisten auf unbemalten Zargen vorher mit Leim.

Wenn das nicht hilft, verwenden Sie Magazine mit flacheren Zargen. Sie haben zwar auch nur Griffmulden, sind aber wegen des geringeren Gewichts leichter zu tragen.

❋ *Bei dieser Zarge erlauben tiefere Griffmulden einen sicheren Zugriff.*

22 Wie transportiere ich sicher eine Magazinbeute?

DAS PROBLEM

Eine schwere, mit Beuten voller Honig beladene Sackkarre kann instabil werden, wenn sie auf dem weichen Boden vor dem Bienenstock geschoben wird.

DIE LÖSUNG

Um schwere Ausrüstung von und zum Lager zu transportieren, benutzen Imker Karren, Wagen oder Sackkarren. Sie sind in unterschiedlichen Größen und Formen erhältlich. In der Regel sind sie praktisch, um Magazine, Zargen und andere Gerätschaften aus dem Lager zu transportieren. Wenn jedoch die schweren, mit Honig beladenen Beuten oder ganze Magazine bewegt werden müssen, kommen Sackkarren an ihre Grenzen. Vor allem auf weichem Untergrund werden Sackkarren mit engem Radstand schnell kopflastig und kippen um. Falls ein Magazin mit dem Volk darin umkippt, schalten die Bienen auf Verteidigung und es wird schwierig, die Kontrolle zurückzugewinnen.

Verwenden Sie schwere Sackkarren vorausschauend. Fahren Sie möglichst nur über feste Wege und sichern Sie die Ladung mit einem Spanngurt mit Ratsche. Auf unebenem Boden lässt sich eine beladene Sackkarre besser und sicherer ziehen statt schieben. Erledigen Sie diese Arbeit am besten zu zweit.

Zwar bieten viele Firmen für Imkereibedarf auch Sackkarren an, aber es gibt kein spezielles »Imker-Modell«. Am besten eignen sich schwere, robuste Modelle, die aber nicht in jeden Kofferraum passen.

❃   Das preiswerte Modell links ist leicht, während die schwere Sackkarre rechts für größere Belastungen gebaut und robuster ist. Auf weichem Boden sind zwei Personen nötig, um die Karre sicher zu bewegen. In jedem Fall ist es weniger anstrengend, als ein ganzes Magazin mit Volk oder Zargen voller Honig mit der Hand zu tragen.

23 Warum will mein Beobachtungsstock nicht gedeihen?

DAS PROBLEM

Beobachtungsstöcke ermöglichen unschätzbar wichtige Einblicke in das Verhalten von Bienen im geschlossenen Stock. Sie entsprechen jedoch nicht den Vorstellungen der Bienen von einem Nest. Denn normalerweise suchen die Tiere nach dunklen Höhlen und meiden gut beleuchtete Räume.

DIE LÖSUNG

Im Nest wilder Bienen herrscht Dunkelheit. In einem gläsernen, hell beleuchteten Stock fühlen sich die Bienen entsprechend unwohl. Verdunkeln Sie den Beobachtungsstock, wenn niemand den Bienen zusieht.

Beuten mit nur einem oder zwei Rähmchen funktionieren nur für kurze Zeit, beispielsweise für pädagogische Zwecke im Kindergarten oder Schulunterricht. Ein gläserner Beobachtungsstock, der dauerhaft Bestand haben soll, muss aus mindestens neun Rähmchen bestehen, damit das Volk durch den Sommer kommt und ein Brutnest anlegt. Allerdings lässt sich die Königin auch darin kaum beobachten, denn sie hält sich auf den hinteren, dunklen Rähmchen und nur selten direkt am Glas auf. Dennoch finden es die meisten Menschen spannend, so viele Bienen gefahrlos hinter Glas beobachten zu können.

Einen Beobachtungsstock müssen Sie während der ganzen Saison intensiv betreuen. Wächst das Bienenvolk so stark an, dass der Stock ihm keinen Platz mehr bietet, wird es schwärmen. Darüber hinaus muss ein regelmäßig besuchter Beobachtungsstock stets in optimalem Zustand sein. Ein krankes Volk zeigt nicht die natürlichen Verhaltensweisen und vermag bei Laien keine Begeisterung für Bienen hervorzurufen. Da die wenigsten Bienenvölker einen Winter im Beobachtungsstock überleben würden, wird er im Herbst aufgelöst.

FÜTTERUNGSZEIT

Füttern sie das Volk in einem Beobachtungsstock mit Zuckersirup und zusätzlich mit einer Proteinquelle. Die Fütterung mit Kohlenhydraten ist einfach, während Proteine am besten über Eiweißfutterteige verabreicht werden. Ohne Proteinquellen werden bei jedem Wechsel der Sirupschale einige Bienen fliehen und das nächste Fenster anfliegen.

❋ *Dieses Volk leidet. Es steht kurz vor dem Verhungern und muss sofort mit Kohlenhydraten und Protein gefüttert werden. Außerdem braucht es zusätzliche ausgewachsene Arbeiterinnen. Beobachtungsstöcke dürfen nicht in der direkten Sonne stehen, sonst heizen sie sich zu stark auf.*

24 Welche Mittelwände sind für mich richtig?

DAS PROBLEM

Im Handel sind unterschiedliche Typen von Mittelwänden in verschiedenen Größen und mit unterschiedlichen Zelltypen erhältlich. Neuimkern fällt die Auswahl bei diesem wichtigen Zubehörteil häufig schwer.

DIE LÖSUNG

Es gibt Mittelwände in Plastik- oder in Wachsausführung. Da Bienen Plastikwände häufig ablehnen und keine Waben darauf bauen (auch nicht, wenn sie mit Wachs beschichtet sind), sind Mittelwände aus Wachs vorzuziehen. Auf alle Mittelwände ist das Grundmuster der Wabenzellen aufgeprägt, das die Bienen zu fertigen Zellen ausbauen.

Mittelwände werden passend zum Beutetyp und damit der Rähmchengröße angeboten. Verbreitet sind die Rähmchen im Deutsch-Normalmaß und im größeren Zander-, Langstroth- und Dadantmaß. Die Fachgeschäfte für Imkereibedarf bieten Wachs-Mittelwände auch in anderen gängigen Maßen an.

Die fertigen Mittelwände aus Wachs müssen nur noch in die Rähmchen eingelötet werden, um höhere Stabilität zu erreichen. Von einer eingelöteten Mittelwand in der Honigraumzarge lassen sich später bei der Honigernte die Wachsdeckel besser entfernen. Neuimker sollten mit fertig verdrahteten Rähmchen arbeiten.

Die vorgeprägten Zellen auf den Mittelwänden für Arbeiterinnen sind kleiner als die für Drohnen. Die Mittelwände mit kleineren Zellen werden in die Rähmchen für den Brutraum eingelötet, wo die Ammenbienen neue Arbeiterinnen heranziehen. Unter bestimmten Bedingungen kann es sinnvoll sein, die größeren Drohnen-Mittelwände zu verwenden. Auch im Honigraum, wo die Königin keine Eier legen kann, können die größeren Drohnenzellen vorteilhaft sein, weil die größeren Zellen mehr Honig fassen. Dennoch entscheiden sich die meisten Imker dafür, auch im Honigraum Mittelwände mit kleineren Zellen einzusetzen.

25 Welcher Boden eignet sich am besten für ein Magazin?

DAS PROBLEM

Früher wurden alle Böden solide aus Holz gebaut. Inzwischen gibt es aber auch Modelle mit einem Gittereinsatz. Welcher Typ ist besser?

DIE LÖSUNG

Die Wahl eines geeigneten Magazinbodens liegt in der Entscheidung des Imkers. Allerdings bestimmt der Typ der Zarge auch Größe und Art des Bodens. Wilde Bienennester haben keinen Boden.

Inzwischen empfehlen die meisten Imker einen Gitterboden mit einer Wanne darunter, in der sich Varroa-Milben sammeln können (siehe Problem 62). Die Milben fallen ab, wenn sich eine Biene putzt, fallen durch das Gitter und können nicht mehr zurück in die Beuten gelangen. Landen die Milben jedoch auf einem festen Boden, können sie sich erneut auf einer Biene festsetzen und in den Brutraum gelangen. Das Gitter allein reicht zwar nicht aus, um die Varroa-Population wirkungsvoll zu reduzieren, erleichtert aber die Kontrolle. Der Imker kann die Zahl der Milben in der Wanne bestimmen, den Befall abschätzen und rechtzeitig eine Behandlung einleiten. Im Winter bevorzugen viele Imker einen geschlossenen Boden wegen der besseren Isolation. Andere Imker bleiben beim Gitterboden, um Problemen mit Kondenswasser (siehe Problem 15) und Hygiene vorzubeugen.

26 Wie lässt sich verhindern, dass ein Magazin umkippt?

DAS PROBLEM

Während der Haupttracht kann ein Bienenstock ziemlich schwer werden. Das Gewicht eines 20 kg schweren Magazins mit einem Ablegervolk erhöht sich im Sommer auf bis zu 130 kg. Selbst wenn es auf scheinbar festem, ebenem Grund steht, kann die Last für die Unterkonstruktion (Beutenbock) zu groß werden und das Magazin umkippen.

DIE LÖSUNG

In der langen Geschichte der Bienenhaltung ist es noch nicht gelungen, den perfekten Beutenbock für einen Bienenstock zu entwickeln. Zwar sollte jeder stabile Unterbau diese Aufgabe erfüllen, es ist jedoch eine echte Herausforderung, allen Anforderungen gerecht zu werden. Das Magazin muss in der richtigen Höhe und leicht geneigt vom Einflugloch weg stehen, damit das Regenwasser abfließen kann. Eine hohe Unterkonstruktion wäre zwar günstig für kleine Völker, erschwert aber das Aufsetzen und Abnehmen der Honigbeuten. Wenn ein Magazin regelmäßig an einem neuen Standort aufgebaut wird, muss auch die Unterkonstruktion abgebaut, ins Auto geladen und wieder aufgestellt werden. Aus diesen Gründen ist es nicht verwunderlich, dass es bei Beutenböcken verschiedene Ausführungen gibt.

Ortsfeste Unterkonstruktionen aus Beton und imprägnierten Holzbalken sind robust, während die Böcke aus dem Zubehörhandel mit etwa 15 cm Höhe häufig zu schmal und zu niedrig sind. Manche haben allerdings zusätzlich eine integrierte Landemöglichkeit für schwer beladene Bienen, die in den Stock zurückkommen. Wählen Sie ein Modell, das stabil ist, mehrere hundert Kilogramm Gewicht trägt und, falls Sie ihre Völker umsetzen möchten, auch gut zu transportieren ist. Es darf nicht faulen, muss hoch genug sein, um eine entspannte Arbeit zu ermöglichen (nicht höher als 60 cm).

❋ Unterkonstruktionen können nicht nur unter der Last des Magazins zusammenbrechen. Manchmal kommt es vor, dass sie von Weidetieren oder landwirtschaftlichen Fahrzeugen umgeworfen werden. Dieses Magazin stand auf schweren, imprägnierten Holzbrettern, die jedoch zu schmal waren, um das schwere Magazin zu unterstützen.

MASSENGRAB

Der tief liegende Zugang zum Stock ist den Bienen vom Menschen aufgezwungen. In der Natur würden die Tiere das Flugloch höher legen. Eine ausfliegende Biene, die eine tote Artgenossin aus dem Stock schaffen möchte, gewinnt nicht rechtzeitig an Höhe und stürzt ab. So sammeln sich vor dem Bodenbrett zahlreiche tote Bienen an, die Dachse und Insekten anlocken.

3. KAPITEL
BIOLOGIE UND VERHALTEN VON BIENENVÖLKERN

Imker betrachten ihre Bienen vielfach als domestizierte Haustiere, die nur etwas Pflege und Sorgfalt brauchen. Im Laufe der Zeit haben sich die technische Ausstattung und die Versorgung der Bienen in der Tat so weit spezialisiert, dass man die Tiere nur noch in einer unnatürlich gezähmten Form wahrnimmt. Dabei folgen Bienen immer noch ihren Instinkten und natürlichen Verhaltensweisen. Diese eigentliche Natur der Bienen versucht die moderne Imkerei jedoch unbewusst zu unterdrücken. Um gesunde und produktive Bienenvölker zu pflegen, sollten Imker sie allerdings stets im Auge behalten.

Honigbienen passen sich zwar an die Ansprüche ihres Imkers und seiner Gerätschaften an, sie sind jedoch Wildtiere geblieben. Wer die natürlichen Abläufe im Leben eines Bienenvolkes, wie Schwärmen, Austausch der Königin, Brutpflege und die Vorbereitung auf den Winter genau beobachtet, erkennt darin die angeborenen Verhaltensweisen der wilden Verwandten wieder. Ein verantwortungsvoller Imker versteht diese Aspekte der Biologie der Bienen und versucht, seine Arbeitsweise auf das Bienenverhalten abzustimmen. Nur auf diese Weise gelingt es ihm, zwischen natürlichem und problematischem Verhalten zu unterscheiden.

27 Warum stechen meine Bienen häufiger als üblich?

DAS PROBLEM

Wenn Bienen ihr Volk oder ihre Vorräte als bedroht wahrnehmen, schalten sie auf Verteidigung. In diesem Defensivmodus stechen sie schneller zu. Tiere, die nachts den Stock bedrängen, Insektizide oder ein unsachgemäßes Verhalten des Imkers erhöhen noch die Bereitschaft zum Stechen.

DIE LÖSUNG

Das Temperament eines Volkes vererbt sich. Halten Sie daher nur Ableger von »normal« friedlichen Bienenvölkern. Manche Experten vermuten, dass extrem friedlich gezüchtete Bienen anfälliger für Schädlinge sind, weil sie in ihrem gewollt passiven Verhalten auch diese nicht mehr so effektiv abwehren. Ein natürliches Selbstverteidigungsverhalten Ihrer Bienen sollten Sie daher nicht vorschnell als »unnormal« aggressiv beurteilen.

Sollte ein Volk permanent in Verteidigungsstimmung sein, tauschen Sie die alte gegen eine ruhige neue Königin aus. Meist überträgt sich ihr Temperament auf die neuen Arbeiterinnen. Oft rührt die gereizte Stimmung im Stock auch von dem schwachen oder fehlenden Pheromonduft einer zu alten Königin. Die schwache Regentschaft versetzt das Volk in Alarmbereitschaft.

Sollte sich ein ansonsten ruhiges Volk plötzlich feindselig benehmen, sollten Sie die Ursache dafür finden und beseitigen oder die Arbeit an dem Stock auf einen anderen Tag verschieben. Lassen Sie die Bienen an stürmischen Tagen oder nach der Rapsblüte in Ruhe. Auch an heißen Tagen oder bei Nektarmangel sind Bienen angriffslustiger. Bei unaufschiebbaren Eingriffen legen Sie volle Schutzkleidung an. Benutzen Sie keine stark duftenden Kosmetika. Dämpfen Sie die Angriffslust rechtzeitig mit kaltem weißem Rauch und wiederholen Sie die Prozedur in regelmäßigen Abständen. Stoßen Sie die Beuten bei der Arbeit so wenig wie möglich an, um das Volk nicht zu beunruhigen.

Bewahren Sie Ruhe, wenn Sie gestochen werden. Wedeln, Schlagen oder gar ein Rähmchen fallen zu lassen, regt die Bienen zusätzlich auf.

BIENENSTACHEL

Der kleine Stachelapparat, der nach dem Stich in der Wunde verbleibt, ist charakteristisch für eine Honigbiene. Entfernen Sie den Stachel vorsichtig; es muss nicht unbedingt sofort sein. Wegen der Widerhaken an der Spitze lässt sich der Stachel nur schwer im Ganzen herausziehen. Die meisten Imker entwickeln im Laufe der Zeit eine gewisse Resistenz und die Stiche schwellen nicht so stark an

❋ *Diese Bienen reagieren nur scheinbar aggressiv – der Imker arbeitet an einem friedlichen Volk. Wäre es aggressiver, säßen mehr Bienen direkt auf der Schutzkleidung. Außerdem lassen sich aggressive Bienen nicht in aller Ruhe auf einem Blatt nieder.*

28 Wie fange ich einen Schwarm unter dem Bienenstock?

DAS PROBLEM

Manchmal landet ein Schwarm in dem engen Raum unter einem Bienenstock. Die Ursachen können schlechtes Wetter, der Zustand der Königin oder ein lockender Duft sein, der vom Boden des Magazins ausströmt.

DIE LÖSUNG

Ein Volk schwärmt typischerweise in jedem Frühling aus. Der Schwarm besteht aus der alten Königin und etwa 1–1,5 kg Bienen. Er lässt sich einige Tage lang als Schwarmtraube nieder, beispielsweise auf einem Baumast, bis die Spurbienen (Kundschafterinnen) eine neue Bleibe gefunden haben. Während dieser kurzen Phase können Sie den Schwarm gewöhnlich problemlos einfangen und in eine neue Beute einsetzen.

Hat sich der Schwarm direkt unter dem eigenen oder einem Nachbarstock niedergelassen, wird das Einfangen schwieriger. Kleine Schwärme bleiben in einem solchen Fall sogar häufig unentdeckt. Diese Situation kommt jedoch nicht allzu häufig vor, denn unter einem soliden Holzboden setzen sich Schwärme nur selten fest. Außerdem neigen die Bienen in den gemäßigten Breiten nicht dazu, sich so dicht über dem Boden zu sammeln.

Um einen solchen Schwarm wieder einzufangen, muss das Magazin in mühevoller Arbeit bis zum Boden abgebaut werden. Zusätzliche Komplikationen treten auf, wenn die Schwarmköniginnen im Heimatstock gestört werden und sich Schwarm- und Stockbienen vermischen. Wenn das Magazin abgebaut ist, wird der Schwarm mit dem Boden in eine leere Zarge mit Waben übertragen. Klopfen Sie die Bienen in ihr neues Zuhause oder legen Sie den Schwarm davor ab, damit die Bienen von selbst ins neue Heim finden.

✾ Die Aufnahme wurde von der Rückseite des Magazins aus gemacht, nachdem das hintere Brett des Bodens entfernt wurde. Der Schwarm sitzt nur wenige Zentimeter über dem Boden. Hier kann er nicht überleben und muss vom Imker eingefangen werden.

SCHWARMVERHALTEN

Es gibt keinen »Standardschwarm«. Bienenschwärme unterscheiden sich sowohl in der Größe als auch darin, was sie als temporären Aufenthaltsort wählen. Manche Schwarmtrauben lassen sich sehr hoch, andere weiter unten nieder, wo man sie leichter einfangen kann. Obwohl neue Schwärme gewöhnlich friedlich sind, muss ein Imker darauf achten, dass Umstehende nicht gestochen werden. Nach einer kurzen Schlechtwetterperiode sind Schwärme reizbarer.

29 Warum enthält das Brutnest zu wenige Eier und Larven?

DAS PROBLEM

Zu wenige Eier und Larven im Brutnest können darauf hindeuten, dass die Königin nicht leistungsstark genug ist, das Volk unter einer Krankheit leidet, von Schädlingen befallen ist oder Kontakt mit Pestiziden hatte.

DIE LÖSUNG

Beginnen Sie bei den ersten Anzeichen von zu wenig Eiern oder Larven im Brutnest mit der Ursachenforschung. Nur wenn das Problem frühzeitig behoben wird, kann sich ein Volk rechtzeitig vor dem Winter ausreichend erholen.

Überprüfen Sie die Waben: Ist Brut vorhanden, ist sie gesund? Zeigen andere Völker in der Nähe dieselben Symptome oder ist nur ein Volk betroffen? Ist die Königin noch vorhanden? Und wenn ja, ist sie leistungsstark genug? Falls die Königin fehlt, müssen Sie eine neue, bereits begattete Königin beschaffen. Sofern das binnen drei bis vier Tagen möglich ist, hängen Sie inzwischen ein oder zwei Rähmchen mit Larven und verdeckelten Brutzellen (mit einem Wachsdeckel verschlossene Zellen mit Streckmaden) von einem starken fremden Volk in die Beute. Es würde viel zu lange dauern, eine Königin vom Volk aus einer Larve nachschaffen (heranziehen) zu lassen.

Selbst wenn es binnen einiger Tage gelingen sollte, Brut und eine neue Königin zu beschaffen, müssen Sie das geschädigte Volk weiterhin mit Bruträhmchen und Futtervorräten von anderen Völkern versorgen. Falls Sie nicht rechtzeitig vor Beginn der trachtarmen Zeit reagieren können oder das Volk in einem sehr dezimierten Zustand ist, wird es mit einem anderen Volk vereinigt. Es darf dann allerdings weder unter einer übertragbaren Krankheiten leiden noch von Schädlingen befallen sein.

✼ Dieses Bienenvolk hat seit über einer Woche keine Königin mehr. Während dieser Zeit sind die Eierstöcke einiger Arbeiterinnen gewachsen, sodass sie einige Eier pro Tag legen können. Da sich diese Afterweisel oder Drohnenmütterchen nicht paaren können, gehen aus ihren unbefruchteten Eiern nur kleine, aber sexuell funktionsfähige Drohnen hervor. Da ein solches drohnenbrütiges Volk kaum noch zu retten ist, vereinigen die meisten Imker solche Völker mit einem starken, intakten Bienenvolk (siehe auch Problem 53).

Biologie und Verhalten von Bienenvölkern

30 Wieso bauen die Bienen unregelmäßige Waben?

DAS PROBLEM

Es ist nicht selten, dass Bienen unregelmäßige Waben auf neue Mittelwände bauen. Solche Waben sind jedoch meist instabil und zerbrechen häufig schon beim Herausnehmen.

DIE LÖSUNG

Ein gleichmäßiger Nektarfluss ist die beste Voraussetzung für regelmäßig und stabil geformte Waben. Eine gestörte Volksharmonie oder Stress durch eine schwache Königin können dagegen zu lückenhafter und chaotischer Wabenbauweise führen. Wildbau und doppelte Wabenreihen sind hingegen meist durch Platzmangel verursacht.

Auch die Mittelwand hat einen Einfluss auf den Bau der Waben. Mittelwände aus Plastik oder mit Wachs beschichtetem Plastik werden von den Bienen häufig nicht angenommen, während sie eingelötete Wachs-Mittelwände eher akzeptieren.

Es kann auch vorkommen, dass Bienen ganze Waben zwischen den Rähmchen (Wildbau) oder Waben in zwei Schichten auf der Mittelwand bauen. Da die Zellen unter Umständen viele gesunde Arbeiterinnenlarven enthalten, wäre es eine Vergeudung, sie zu zerstören. Hängen Sie im Sommer Rähmchen mit unregelmäßigen Waben an den Rand der Brutraumzarge. Wenn die Bienen geschlüpft sind, werden die Waben ersetzt.

Der sicherste Weg, um Wildbau zu vermeiden, ist ein geringer Abstand zwischen den Rähmchen, sodass die Wabengasse, also der Platz zwischen zwei ausgebauten Waben, 8 bis maximal 10 mm beträgt. Dieser Abstand wird, je nach Typ der Beute, durch die Bauweise der Seitenteile (Hoffmann-Typ), durch Abstandshalter (Kreuzklemmen, Pilzköpfe) oder durch Nuten in den Auflageschienen (Kammleisten) für die Rähmchen gewährleistet.

✷ Die Waben auf dieser Mittelwand sind ein schlechtes »Vorbild« für weitere Waben. Um Probleme zu vermeiden, wird das Rähmchen an den Rand der Brutraumzarge gehängt. Sobald die Bienen geschlüpft sind, werden alle Reste der Wabe entfernt.

FRISCHE IST ALLES

Bienen akzeptieren am ehesten neue Mittelwände aus frischem Wachs. Altes Wachs kann rau oder verzogen sein und Löcher haben. Ein aktives, gesundes Volk, das viel Nektar einträgt, baut seine Waben zwar auf fast jedem Untergrund, aber eine neue Mittelwand erhöht die Chancen auf regelmäßige Waben.

31 Warum »reinigen« die Bienen das Anflugbrett?

DAS PROBLEM
Es kann vorkommen, dass sich Hunderte Bienen auf dem Anflugbrett versammeln und in eine Schaukelbewegung verfallen, als würden sie das Holz putzen.

DIE LÖSUNG
Dieses rätselhafte Verhalten wird »Hobeln« genannt. Die Bienen hängen dabei kopfüber schaukelnd an den Hinterläufen, scharren mit den beiden Vorderbeinen und knabbern scheinbar mit den Mandibeln am Holz. Der Grund für diese systematische Schaukelbewegung ist bis heute unbekannt. Viele Imker fragen sich, ob sie etwas gegen diese Verhaltensweise unternehmen sollen. Aus der Literatur ist bekannt, dass Wildbienen, die ihr Nest auf Felsnasen oder anderen exponierten Standorten angelegen, den Eingangsbereich und die Umgebung des Nestes mit Propolis oder Wachs überziehen. Vermutlich soll diese Barriere den Duft des Volks kaschieren und Schadinsekten den Zugang zum Nest erschweren. Imker haben berichtet, dass die Bienen nach dem »Waschen« oder »Hobeln« den Eingangsbereich mit Propolis überziehen. Danach wäre es also ein Rückfall in das Verhalten wilder Bienenvölker. Eine andere Interpretation geht davon aus, dass die Bienen Spalten und Ritzen auf dem Anflugbrett glätten, in denen sich schädliche Keime ansammeln könnten. In der Tat polieren Bienen die Innenwände ihrer Nester und tragen dort Propolis auf. Gegen diese Interpretation spricht, dass Hobeln und das Auftragen von Propolis nicht zwangsläufig gekoppelt sind.

Das Verhalten tritt nicht notwendig bei allen Bienenvölkern und selten mit derselben Intensität auf. Manchmal beteiligen sich nur ein paar Bienen daran, an anderen Stöcken Hunderte. Soweit bekannt, ist das Hobeln kein problematisches, aber doch auffälliges Verhalten. Vielleicht wird es – wenn die Ursache geklärt ist – dem Imker wichtige Informationen liefern.

SCHAUFELNDE BEWEGUNGEN

Durch das Glas von Beobachtungsstöcken kann man manchmal dieses Verhalten bei einzelnen Bienen direkt am Glas beobachten. Dabei zeigt sich, dass die Bienen ihre Vorderbeine hin und her bewegen, als würden sie auf der Oberfläche kratzen, ohne jedoch das Glas zu berühren. In Beobachtungsstöcken zeigen zwar stets nur einzelne Bienen diese Aktivität, sie könnte aber durchaus dem gemeinschaftlichen Waschen bzw. Hobeln entsprechen.

❋ *Die Bienen auf diesem Foto sind mit dem Hobeln beschäftigt. Bis heute ist unbekannt, aus welchem Grund sie das tun. Dieses Verhalten ist ein gutes Beispiel dafür, dass Forscher manche Aspekte der Bienenbiologie bis heute noch nicht enträtselt haben.*

32 Woher kommen die Löcher in den Brutzellendeckeln?

DAS PROBLEM

Manchmal findet man in den Deckeln von Brutzellen kleine Löcher. Sie können darauf hinweisen, dass der Deckelbau noch nicht abgeschlossen ist, aber auch auf eine Krankheit hindeuten.

DIE LÖSUNG

Bei der Brutpflege verdeckeln die Arbeiterinnen die Maden kurz vor ihrer Verpuppung. Sie bauen den Deckel vom Rand der Zelle nach innen. Falls sie diese Arbeit kurzfristig unterbrechen, bleibt vor dem endgültigen Verschluss ein kleines Loch offen. Diese gleichmäßig angeordnete Öffnung wird nach wenigen Stunden endgültig verschlossen. In diesem Fall sind Löcher in den Zelldeckeln normal. Ähnliche Löcher finden sich auch im Bereich der Wabe, wo offene Larven- und frisch verdeckelte Puppenzellen nebeneinander liegen. Solche Löcher treten zufällig verteilt auf – und stets im Bereich älterer Larven und verdeckelter Brutzellen. Sie sind charakteristisch für die normale Entwicklung eines Volkes.

Sind die Deckel von Brutzellen dagegen unregelmäßig aufgerissen und treten konzentriert auf, könnten Bösartige Faulbrut (Problem 69), erfrorene Brut oder eine Infektion mit Varroa-Milben (siehe Problem 62) vorliegen. Unter Umständen haben die Bienen die Krankheit erkannt, die Deckel entfernt und die toten Larven aus dem Stock entfernt. Gelbe Flickstellen auf Wabendeckeln können ebenfalls ein Zeichen für eine Krankheit sein. Putzbienen öffnen häufig verdächtige Stellen, andere flicken die Löcher dann wieder. Wenn Ihnen solche Löcher auffallen, sehen Sie sich die Larven und den Zustand der Wabe im Umfeld der punktierten Deckel an. Ist das Volk gesund oder zeigen sich Anzeichen von Krankheit?

❋ *In dieser Wabe mit älteren Larven sind die meisten Brutzellen bereits verdeckelt. Die Deckel mit kleinen Löchern darin sind noch nicht ganz fertig. Nur unter diesen Bedingungen stellen teilweise offene Deckel keine Gefahr dar. Sind die Löcher dagegen unregelmäßig gezackt, könnte eine Krankheit vorliegen.*

DECKEL AUFSETZEN

Bienen verdeckeln die Brutzellen entweder in einer koordinierten Arbeit oder überlassen die Aufgabe einer einzelnen Biene. Die Deckel der Honigzellen bestehen nur aus Wachs, die Brutzellen werden mit einer Mischung aus Wachs und Kittharz (Propolis) verdeckelt.

33 Warum liegen vor dem Flugloch unversehrte tote Bienen?

DAS PROBLEM

Wenn viele gesund aussehende Bienen tot auf dem Anflugbrett vor dem Flugloch liegen, ist besondere Aufmerksamkeit geboten. Das Wetter oder die Temperatur können dafür verantwortlich sein, aber auch Pestizide, eine Krankheit oder ein räuberischer Angriff.

DIE LÖSUNG

Sobald Sie tote Bienen vor dem Flugloch entdecken, müssen Sie das Volk genauer untersuchen. Nach einer Periode mit kaltem Wetter könnten Larven und Jungbienen erfroren sein. Füttern Sie in diesem Fall mit Zuckersirup und Eiweißfutterteig (als Proteinquelle). Kontrollieren Sie regelmäßig, ob sich das Volk erholt.

Deformierte und fast immer auch flügellose Bienen sprechen für eine ernste Infektion mit Varroa-Milben (siehe Problem 62). Geschieht das zu Beginn der Sammeltätigkeit, können Sie das Volk noch behandeln. Ist jedoch der Winter nah, müssen Sie die traurige Wahrheit akzeptieren und das Volk aufgeben.

Ist die Zahl der toten Bienen sehr hoch, dürfte eine Vergiftung mit Pestiziden vorliegen. Prüfen Sie in diesem Fall, ob die Königin noch lebt, und füttern Sie das Volk, bis es sich erholt hat. Versuchen Sie herauszufinden, wo sich die Sammlerinnen vergiftet haben. Bei massiven Vergiftungserscheinungen oder wenn alle Völker betroffen sind, sollten Sie die Waben ersetzen.

Tote und miteinander kämpfende Bienen sind ein Indikator für Räuberei. Verengen Sie das Flugloch des überfallenen Volkes bis auf ca. 2 cm. Diese Öffnung kann gut gegen Angreifer verteidigt werden. Lassen Sie es für mehrere Tage in dieser Stellung und öffnen Sie die Beuten nur, um die Königin und den Stand der Honigvorräte zu überprüfen. Da eine Zusatzfütterung erneut räuberische Bienen anlocken könnte, ist es oft besser, den Bienenstock an einen Standort umzusetzen, wo keine starken Völker in der Nähe sind.

❋ *Es ist nicht ungewöhnlich, dass vor dem Bienenstock tote Bienen liegen, vor allem in den Wintermonaten, wenn die älteren Arbeiterinnen sterben. Die toten Bienen werden beim Reinigen von ihren Artgenossinnen hinausgetragen. Solange die Bienenvölker im Winter genügend Futterreserven haben, gehören tote Arbeiterinnen zum normalen Lebenszyklus des Volks.*

SCHWERE LAST

In Magazinen mit Langstroth-Beuten oder ähnlichen Systemen sitzt das Flugloch relativ nahe am Boden. Ausfliegende Bienen, die tote Artgenossinnen entsorgen, gewinnen nur schwer an Höhe und lassen ihre Last dicht am Abflugbrett fallen. Säße das Flugloch höher über dem Boden, würde der Imker nicht bemerken, dass sich vor dem Stock tote Bienen ansammeln.

34 Was geschieht mit dunklen, mehrfach bebrüteten Waben?

DAS PROBLEM

Da Propolis, Pollen und Puppenkokons dunkle Pigmente (Farbstoffe) enthalten dunkeln die Brutwaben nach. Das ist ein natürlicher Prozess. In einigen Fällen ist aber auch eine Kontaminierung mit toxischen Chemikalien in Insektiziden und Milbenmitteln der Grund für die Verfärbung.

DIE LÖSUNG

In der modernen Imkerei werden Mittelwände, die von den Bienen zu Waben ausgebaut wurden (Leerwaben ohne Brut oder Honig), mehrfach genutzt. Früher geschah das praktisch unbegrenzt. Heute empfehlen erfahrene Imker, dunkle Leerwaben alle drei Jahre gegen neue Leerwaben auszutauschen, um das Risiko von Infektionen zu verringern. Wenn Sie ein neues Rähmchen in die Beute einhängen, schreiben Sie das Datum darauf. So können sie leichter erkennen, wann ein älteres Rähmchen endgültig entsorgt werden muss. Falls in Ihrer Region intensiv mit Pestiziden gespritzt wird, sollte der Austausch früher erfolgen. Verwerfen Sie auch alle beschädigten Waben oder alte Waben spätestens dann, wenn Sie im Gegenlicht Ihre Hand nicht mehr durchsehen.

Ein Tausch der Waben ist auch erforderlich, wenn die Population des Bienenvolkes im Spätfrühling stark zunimmt und der Brutraum erweitert werden muss. In einem Magazin werden dazu je nach Zargentyp vier bis fünf Rähmchen mit Leerwaben aus dem Vorjahr, fünf bis sieben Rähmchen mit Mittelwänden und ein Rähmchen ohne Mittelwand (Baurahmen) in eine leere Brutraumzarge eingehängt. Nachdem die neue auf die vorhandene Brutraumzarge aufgesetzt wurde, legt die Königin rasch Eier in die leeren Wabenzellen der oberen Zarge (»bestiften«).

Erfahrene Imker setzen jedes Jahr neue Rähmchen mit Mittelwänden ein. Sie werden von den Bienen zu Waben ausgebaut und stehen dem Imker als Leerwaben zur Verfügung.

FARBENCODE

Neue, frisch ausgebaute Waben sehen leuchtend weiß aus und sind sehr weich. Nachdem sie einige Monate von den Bienen benutzt wurden, färben sich die Honigwaben gelb, die Brutwaben werden zunächst dunkler, nach mehrfacher Benutzung fast schwarz. Honigwaben, die nie bebrütet wurden, sehen dunkelgelb aus. Nach einem oder zwei Jahren härten beide Wabentypen aus und sind dann fest mit dem Rähmchen verbunden.

❊ *Die Brutwaben, in denen die Arbeiterinnen Eier und Larven betreuen, sehen viel dunkler aus als Honigwaben. An den leeren Zellen (ohne Honig oder Pollen) dieser Wabe lässt sich der Farbwechsel von Weiß nach Schwarz gut ablesen.*

35 Warum liegen so viele tote Drohnen am Flugloch?

DAS PROBLEM

Tote Drohnen gehören zum normalen Entwicklungszyklus des Bienenvolkes. Eine große Zahl toter Drohnen am Eingang zum Stock kann aber auch auf Futterknappheit oder eine Krankheit hindeuten.

DIE LÖSUNG

Drohnen, tote wie lebendige, sind ein Gradmesser für die Gesundheit des Volkes. Im Frühherbst werden sie im Zuge eines natürlichen Reinigungsprozesses, in den der Imker nicht eingreifen sollte, von den Arbeiterinnen aus dem Stock vertrieben. Liegen dagegen in den warmen Monaten tote Drohnen oder -Drohnenteile vor dem Stock, sollten Sie der Ursache auf den Grund gehen.

Falls Sie zwischen den toten und sterbenden Drohnen auch schwache Arbeiterinnen mit deformierten Flügeln finden, leidet das Volk unter starkem Milbenbefall. Hier muss der Imker eingreifen, sonst besteht die Gefahr, die Kolonie zu verlieren. Überprüfen Sie Brut, Königin und Futtervorräte.

Werden Drohnen und ihre Entwicklungsstadien während der warmen Monate aus dem Stock geworfen, müssen Sie ebenfalls die Futtervorräte überprüfen. In Zeiten der Not fressen die Arbeiterinnen die Drohnenlarven und werfen die erwachsenen Drohnen aus dem Stock, um die Ressourcen des Volkes zu schonen. Füttern Sie das Bienenvolk in diesem Fall mit Zuckersirup und einem Proteinfutter.

Liegen nach einer Kaltwetterperiode weiße Körperteile vor dem Stock, sind die Drohnen vermutlich erfroren. Da die Brutzellen der Drohnen meist im Außenbereich des Stockes angelegt werden, erfrieren sie bei einem Kälteeinbruch als Erste. Überprüfen Sie die Futtervorräte und eventuelle weitere Schäden. Normalerweise erholt sich das Volk dann wieder.

36 Können zwei Königinnen in einem Nest sein?

DAS PROBLEM

Außer in der Schwarmzeit, wo sich ein starkes Volk vermehrt und verjüngt und selbst junge Königinnen nachschafft, toleriert ein Bienenvolk nur eine Königin. Wird eine fremde Königin von außen zugesetzt, wird sie meist sofort angegriffen.

DIE LÖSUNG

Es kommt nur sehr selten vor, dass ein Bienenvolk über längere Zeit zwei Königinnen (Weisel) toleriert. Letztlich wird sich eine der beiden durchsetzen. Der Imker hat nur dann ein Problem, wenn er selbst für die Anwesenheit zweier Königinnen sorgt. Das kann beim Umweiseln passieren.

Wenn Sie dem Volk eine neue Königin geben wollen (»Umweiselung«), setzen Sie diese in einem Käfig in die Nähe des Brutnestes. Normalerweise wird die alte Königin vor der Umweiselung entfernt. Reagieren die Bienen jedoch aggressiv auf den Käfig, könnte die alte Königin noch existieren oder das Volk hat bereits eine eigene neue Königin nachgeschaffen. Prüfen Sie, ob die »alte« Königin Eier gelegt hat. Selbst wenn Sie nur leere Brutzellen finden, könnte dennoch irgendwo eine ungepaarte, aber akzeptierte Königin existieren. In diesem seltenen Fall reagieren die Arbeiterinnen aggressiv auf die Königin im Käfig. Die Weiselprobe schafft Klarheit: Hängen Sie eine Wabe mit jungen Larven ein. Entdecken Sie nach 1–3 Tagen Nachschaffungszellen, ist keine Königin im Stock. Werden keine gebaut, existiert bereits eine akzeptierte Königin. Wollen Sie, dass die von Ihnen gewählte Königin akzeptiert wird, müssen sie die Konkurrenz im Stock aufspüren.

Lösen Sie Konfliktsituationen wie folgt auf: Stellen Sie ein Schälchen mit Wasser bereit und setzen Sie die neue Königin vorsichtig auf eine Brutwabe. Wird sie sofort von wütenden Arbeiterinnen angegriffen, streifen Sie die Bienen in das Wasserschälchen. Setzen Sie die Königin zurück in den Weiselkäfig, bis Sie die alte Königin gefunden und entfernt haben.

BIOLOGIE UND VERHALTEN VON BIENENVÖLKERN

4. KAPITEL
ARBEITEN AM BIENENSTOCK

Wilde Bienen müssen mit dem auskommen, was sie in der Natur finden, damit das Volk überlebt. Sie suchen sich selbst eine Nisthöhle, passen ihre Waben an die Situation in der Höhle an, schwärmen und verjüngen sich selbstständig. Ganz anders die Bienen in der Obhut eines Imkers. Sie werden umsorgt und leben in einer künstlichen Höhle, die den Ansprüchen von Bienen und Imker genügt. Ihre von Kompromissen geprägte Zusammenarbeit ist zwar nicht perfekt, hat den Honigbienen aber Lebensräume in der ganzen Welt gesichert.

Die künstliche Höhle, die der Imker den Bienen zur Verfügung stellt, ist vor allem an die Bedürfnisse des Imkers angepasst. So liegt das Anflugsloch oft viel tiefer als in der Natur und die Bienenstöcke stehen dichter zusammen. Außerdem geben die Mittelwände den Wabenbau in leicht entnehm- und versetzbaren Rähmchen vor.

Wer mit Erfolg für Mensch und Biene imkern will, muss mit der Pflege der Bienenvölker vertraut sein. Ein guter Imker hilft dem Volk bei der Vorbereitung auf den Winter, unterbindet Wildbau, teilt zu groß gewordene Völker und stellt Futter zur Verfügung, wenn die natürlichen Ressourcen knapp werden.

37 Wie geht man mit Wildbau um?

DAS PROBLEM
Hätten Bienen die Wahl, würden sie die Form ihrer Waben freier gestalten. Daher nutzen sie alle offenen Räume in einer Zarge, um darin Waben »wie in der Natur« zu bauen.

DIE LÖSUNG
Offene Räume ergeben sich immer wieder: Wenn ein Rähmchen entfernt wird, weil das Volk eine neue Königin bekommt, wenn unter dem Innendeckel ein Futtertrog aufgestellt wird, oder wenn zwischen Zargen ohne Folienauflage und dem Innendeckel ein freier Raum bleibt. Es kann auch vorkommen, dass Bienen Mittelwände aus Plastik nicht akzeptieren und ihre Waben lieber in den engen Zwischenraum zwischen den Rähmchen statt auf die Mittelwände bauen. Auch Wabengassen, die breiter als 8–10 mm sind (Wabenabstand über 35 mm), tritt Wildbau häufig auf. Er ist hauptsächlich bei ergiebiger Nektartracht oder intensiver Fütterung mit Zuckersirup in Kombination mit Platzmangel zu erwarten.

Aus der Sicht der meisten Imker ist Wildbau eine Verschwendung von Ressourcen. Denn der Imker muss die Naturwaben herauskratzen und die Leeräume mit Rähmchen (mit Mittelwand oder Leerwaben) ausfüllen.

Da ein Bienenvolk viel Energie und Material in den Bau neuer Waben investiert, legt die Königin sofort Eier in die neuen Brutzellen. Entdeckt der Imker den Wildbau zu spät, entwickelt sich in den verdeckelten Zellen bereits wertvolle Brut. Fixieren Sie, falls möglich, den Wildwuchs in einem leeren Rähmchen. Die Bienen bauen ihn dann vollständig in das Rähmchen ein. Wenn die Brut geschlüpft ist, wird das Rähmchen entfernt und durch ein neues mit Mittelwand ersetzt.

❋ Die Bienen haben diesen Wildbau (natürliche Waben) angelegt, als der Imker das Volk im Spätwinter mit einem Futtertrog unter dem Innendeckel fütterte, und ihn bis zur Nektartracht im Frühling weiter genutzt. Der Imker konnte Brut und Honig retten und das Wachs zu reinem Bienenwachs einschmelzen. Dennoch hatte das Volk aus Imkersicht Energie »verschwendet«.

38 Warum versammeln sich Bienen vor dem Stock?

DAS PROBLEM

Bienen achten peinlich genau darauf, dass die Brutwaben nicht überhitzen, denn zu große Hitze schädigt Larven und Puppen. Bienen kühlen den Stock mit der Verdunstungskälte von Wasser und einem Luftstrom durch Flügelschläge. Steigt die Temperatur dennoch weiter an, verlassen die Stockbienen das Brutnest und versammeln sich vor dem Stock.

DIE LÖSUNG

Bienen stellen die Temperatur im Brutraum aktiv auf 35 °C ein. Steigt die Temperatur stärker an, schicken die Ammenbienen, die die Brutpflege übernehmen, die Wasserholerinnen aus, um Wasser in den Stock zu schaffen. Die Verdunstungskälte und das Fächeln mit den Flügeln senkt die Temperatur ab und sorgt gleichzeitig für eine Luftfeuchtigkeit von 55–65 %.

Steigt die Temperatur trotz dieser Maßnahmen zu stark an, verlassen alle nicht unbedingt gebrauchten Bienen den Stock und sammeln sich davor an. Das geschieht gewöhnlich an sehr heißen Sommertagen, wenn die Futterquellen geringer werden und viele Arbeiterinnen unbeschäftigt sind. Obwohl es sich um ein natürliches Verhalten handelt, das auch bei Wildbienen vorkommt, sind die Bienen vor dem Stock durch Regenschauer und die heiße Sonne besonders gefährdet.

Der Imker kann bei großer Hitze mit einem Lüftungsgitter für bessere Luftzirkulation sorgen und eine Wasserquelle bereitstellen. Zusätzlich kann der Bienenstock abgeschattet werden. Sehr starken Bienenvölkern ist auch mit einer zusätzlichen Zarge geholfen, selbst wenn das Nektarangebot gering ist.

✼ Die Bienen in dieser Traube haben den Stock verlassen, um die Innentemperatur im Brutraum zu senken. Es sind erfahrene Sammlerinnen mit gut entwickeltem Giftapparat. Die Situation ist nicht ungefährlich, denn diese Bienen stechen, wenn sie sich bedroht fühlen. Der Imker muss bei der Arbeit am Stock Schutzkleidung tragen und sie mit Rauchstößen beruhigen. In einem Magazin mit mehr Platz könnten die meisten Bienen im Stock verbleiben.

39 Was, wenn sich zu viele Bienen im Brutraum aufhalten?

DAS PROBLEM

Die »Winterbienen« drängen sich in der kalten Jahreszeit in der oberen Zarge zur Wintertraube zusammen. Zu Beginn der wärmeren Jahreszeit legen sie dort auch das Brutnest an. Da an dieser Stelle dann Platzmangel herrscht, besteht die Gefahr, dass das Bienenvolk sich zur Schwarmbildung entscheidet, was kaum zu verhindern wäre.

DIE LÖSUNG

Der Austausch der oberen und unteren Zarge ist bei der Überwinterung in zwei Zargen eine gebräuchliche Methode, um dem Schwärmen vorzubeugen, und trägt zur Vergrößerung des Bienenvolkes bei. Beim Tausch kommt die obere Zarge mit dem Brutnest nach unten, die untere Zarge wird darüber gestellt. Dieser Austausch ist allerdings nur dann erforderlich, wenn die untere Brutraumzarge zum Frühlingsanfang mehr oder weniger ungenutzt ist, die Königin dort also keine Eier gelegt hat. Werden beide Zargen bebrütet, besteht kein Handlungsbedarf.

Um den Austausch im Frühling, wenn vielleicht schon Schwarmstimmung herrscht, zu vermeiden, sollten Sie den Zustand des Nestes vor dem Winter überprüfen. Das Brutnest gehört in die untere Zarge, die Honigvorräte in die Zarge darüber. Vertauschen Sie die Zargen nur, wenn sich die Bienen in der oberen Zarge drängen, und auch nur einmal.

Falls die Königin beide Zargen zur Eiablage nutzt, liegt es im Ermessen des Imkers, die Zargen zu vertauschen, aber grundsätzlich sollte der Brutraum nicht auseinandergerissen werden.

Haben Sie die Zargen getauscht, werden die Bienen den leeren Raum in der oberen Zarge nutzen, um den Brutraum zu erweitern. Somit sinkt das Risiko des Schwärmens, denn der Hauptgrund für das Schwärmen ist Platzmangel. Stellen Sie den Bienen im Frühling daher reichlich Platz zur Verfügung.

DIE KÖNIGIN ENTSCHEIDET

Der Zustand der Königin ist entscheidend für das Gedeihen des Volkes. Eine alte Königin, die zu wenige Eier legt, wird auch durch zusätzlichen Brutraum nicht produktiver. Eine leistungsstarke Königin, die im unteren Brutraum nur noch eine oder zwei leere Brutwaben vorfindet, wird eher geneigt sein, ihre Eier in die Brutwaben der oberen, leeren Zarge zu legen.

❋ Obwohl die Zargen bereits vertauscht wurden, füllt das Bienenvolk beide fast vollständig aus und wird vermutlich schwärmen. Wenn die Population des Volkes sehr stark zunimmt, kann auch das Vertauschen der Zargen das Schwärmen nicht verhindern. Neben Platzmangel sind auch andere Faktoren wie die genetische Schwarmbereitschaft und das Alter der Königin für das Schwärmen verantwortlich.

40 Warum wurde das Brutnest lang gezogen gebaut?

DAS PROBLEM

Ein Bienenvolk, dessen Brutnest sich nicht kugelförmig und kompakt über mehrere nebeneinanderliegende Brutwaben erstreckt (jeweils kreisförmig auf einer Wabe), sondern lang gestreckt nach oben wächst, ist in keinem guten Zustand, denn in einem zerrissenen Nest kann die Temperatur schlechter gehalten werden.

DIE LÖSUNG

Krankheiten, eine Pestizidvergiftung oder eine leistungsschwache Königin können der Grund dafür sein, dass keine kompakten, kugeligen Brutnester angelegt werden. Auch nehmen manche Völker die künstlichen »Höhlen« der Imker einfach besser an als andere. Möglicherweise passen die Größe des Bienenvolkes und der verfügbare Platz nicht zueinander. Ein kleines Bienenvolk, das nur wenig Nektar einträgt, hat zu geringe Futtervorräte.

Der Imker kann seinen Bienen helfen, wenn er den Grund für das Verhalten herausfindet. Vielleicht ist das kleine Volk der Ableger eines größeren Volkes und noch nicht stark genug für so viel Platz. Hängen Sie die Rähmchen mit den Brutwaben in die Mitte der untersten Zarge, füttern Sie die Bienen und schränken Sie den Raum ein, dann legt das Volk sein Brutnest zentraler und kompakter an. Manche Imker setzen auch einen angepassten Brutraum mit einem Schied und erweitern ihn nur schrittweise. Ein sehr starkes Volk kann auf Platzmangel auch mit unförmigen Nestern reagieren.

Auch junge Königinnen legen oft noch etwas unsystematisch. Bestiftet die Königin jedoch dauerhaft unsystematisch, sollten Sie sie austauschen und ein bis zwei Rähmchen mit Brutwaben von einem gesunden Volk in die Zarge einhängen. Füttern Sie bei knappem Futterangebot Zuckersirup und Proteinfutter. Es dauert allerdings eine gewisse Zeit, bis die jeweiligen Maßnahmen greifen.

KOMPAKTES BRUTNEST

In einem gesunden Volk legen die Arbeiterinnen rund um das Brutnest einen Kranz aus Honig- und darüber Pollenwaben an. Ein geschwächtes, zu kleines Volk baut bei zu geringem Nektarfluss nicht nur ein unregelmäßiges Brutnest, sondern legt seine Nektar- und Honigvorräte auch auf mehreren Waben in verschiedenen Zargen ab. Achten Sie bei der Ursachenforschung auf solche Verhaltensweisen.

❋ Der Imker hat in einem Magazin mit zwei Brutraumzargen Leerwaben als Basis für den Nestbau in die Mitte der Zarge gehängt. Die Bienen haben sie aber nicht genutzt, sondern ein langes, schmales Nest gebaut. Wenn sich das Nahrungsangebot bessert und die Königin produktiv bleibt, dürfte sich das Problem von selbst erledigen. Der Imker sollte aber den Zustand des Brutnestes im Auge behalten, denn die Beute muss rechtzeitig vor dem Winter in optimalem Zustand sein.

41 Was tun, wenn der Bienenstock überfüllt ist?

DAS PROBLEM
Die Beuten sind prall gefüllt mit Brut, Bienen und Futtervorräten – der Platz wird knapp.

DIE LÖSUNG
In einer überbevölkerten Kolonie sinkt der Honigertrag, weil die Königin die Zellen für die Eiablage braucht. Die Gefahr des Schwärmens steigt in einer solchen Situation enorm an und darüber hinaus ist für den Imker die Arbeit an einer prall gefüllten Beute problematisch. Ein so großes Volk ist auch mit Rauchstößen nur noch schwer beherrschbar und die Gefahr von Verletzungen bei imkerlichen Eingriffen steigt auf beiden Seiten (siehe auch Problem 26). Zudem kann der Anblick von Bienenmassen auf der Front des Magazins beunruhigend auf Nachbarn und Passanten wirken.

Es gibt zwei mögliche Lösungen: Sie können die Beute durch ein weiteres Magazin erweitern oder das Volk früh im Bienenjahr teilen. Eine zusätzliche Brutraum- oder Honigraumzarge schafft mehr Platz. So können sich die Bienen ausbreiten und die Schwarmbildung wird unterdrückt.

Ein großes Volk lässt sich am einfachsten teilen, wenn Sie die Brutraumzargen trennen. Nach dem Juni ist eine Teilung allerdings keine Option mehr. Das Bienenvolk im Foto rechts lebte in einem Magazin mit drei Brutraumzargen, das in drei einfache Zargen aufgeteilt wurde. Nach der Trennung hatte nur eine Zarge eine Königin. Nach drei oder vier Tagen legen Arbeiterinnen in Zargen ohne Königin, wenn offene Brutwaben mit frischem Gelege vorhanden sind, Weiselzellen für die Nachschaffung einer späteren Königin (Weisel) an. Achten Sie also darauf, dass sich in allen Ablegern frisches Gelege befindet. Verteilen Sie bei Bedarf die Rähmchen mit frischer Brut um. In gesichert weisellose Ableger können Sie auch zügig eine fremde, begattete Königin einsetzen (siehe auch Problem 59).

✸ *Dieses imposante Volk braucht eindeutig mehr Platz, um Vorräte zu speichern. Die Honigproduktion ist zum Erliegen gekommen und der Pflegetrieb der Bienen nimmt ab. Wenn der Imker nicht eingreift, bereiten die Bienen eine Weiselzelle vor, die Königin legt ein Ei hinein und nach dem Verdeckeln fliegt ein Vorschwarm mit der alten Königin aus. Falls der Imker den Schwarm nicht einfangen kann, wird er wieder zum wilden Bienenvolk.*

AKTIVE VERKLEINERUNG

Manche beengt lebenden Bienenvölker verringern ihre Größe selbst, indem sie die Brut reduzieren oder sogar aus dem Stock entfernen und die nun leeren Brutwaben mit Honig füllen. Das Brutnest »verhonigt« – eine von Imkern unerwünschte Entwicklung.

42 Aus welchem Grund sterben im Winter sehr viele Bienen?

DAS PROBLEM

Völker, die im Winter über das Normalmaß hinaus abnehmen, sind gewöhnlich zu klein oder haben nicht genug Futtervorräte – oder beides. Sterben jedoch in einem milden Winter viele Bienen, sind Krankheiten oder die Königin dafür verantwortlich.

DIE LÖSUNG

Bienen drängen sich in einer »Wintertraube« bis zum Frühling eng zusammen, um die kalte und trachtlose Jahreszeit zu überstehen. Normal ist ein Ausfall von etwa einem Viertel der Bienen. Der Imker muss seine Völker optimal und rechtzeitig bereits im Sommer, spätestens im Herbst, auf die Überwinterung vorbereiten. Ab Mitte September greifen Sanierungsmaßnahmen nicht mehr. Ein gesundes, starkes Bienenvolk kann durchaus tiefe Temperaturen aushalten, bekommt aber bei knappen Futtervorräten oder Krankheiten große Probleme. Dann kann der Imker durch eine Winterfütterung unterstützend eingreifen, idealerweise mit Honigwaben von einem ausreichend versorgten Volk.

    Bei der Ernte darf nur so viel Honig entnommen werden, dass die Vorräte der Bienen für den Winter ausreichen. Ein starkes Volk mit einer jungen Königin, das unbelastet von Varroa-Milben ist, hat die besten Chancen, den Winter zu überstehen. Für schwache Völker gilt das nicht (siehe Problem 44). Kleine Völker sollten ganzjährig kontinuierlich zugefüttert werden, um Bau und Brut rechtzeitig optimal zu fördern.

    Ein guter Windschutz und angemessene Isolation der Magazine helfen dem Volk ebenfalls. Keinesfalls aber sollten Sie den Stock »heizen«. Bei milden Temperaturen werden die Bienen aktiv und verbrauchen zu viele Vorräte. Hängen Sie Honigwaben über und neben die Wintertraube. Sie dürfen den Bienenstock an einem warmen Wintertag kurz öffnen und die Honigwaben näher an die Wintertraube hängen, aber niemals die Wintertraube selbst stören. Sie kann sich nicht neu formieren und die Bienen würden erfrieren.

❊ Dieses Bienenvolk hat den Winter nicht überlebt. Es hatte zwar Honigvorräte, allerdings nicht nah genug an der hungrigen Wintertraube. Die toten Bienen bilden noch eine dichte Traube, einige sitzen in den Zellen der Wabe. Die Königin ist am Rähmchenrand, links in der Mitte zu erkennen. Ein hungerndes Bienenvolk im Winter zu versorgen, ist zeitaufwendig und schwierig. Bereiten Sie das Volk besser schon im Herbst optimal auf den Winter vor.

 Warum »belagern« die Bienen den Teich des Nachbarn?

DAS PROBLEM
Da ein Bienenvolk regelmäßig Wasser braucht, muss eine verlässliche Wasserquelle in der Nähe des Stock verfügbar sein. Dabei verirren sich die Wasserholerinnen in heißen Sommern auch in den Nachbargarten. Sie sind zwar nicht aggressiv, können die Nachbarn aber stören.

DIE LÖSUNG
Wenn es regelmäßig regnet oder genügend Wasser in der Nähe des Bienenstockes zu finden ist, entstehen in der Regel keinerlei Probleme. In sehr heißen Sommern versorgen sich die Bienen jedoch aus Wasserquellen wie Swimmingpools, Teichen, Vogelbädern oder Trinknäpfen von Haustieren. Mit einer Tränke in der Nähe des Bienenstocks, die regelmäßig nachgefüllt wird, lösen Sie dieses Problem jedoch meist nicht vollständig. Bienen sind »wilde Tiere«, beim Umherfliegen alle in ihrem Umkreis verfügbaren Wasser- und Nahrungsquellen erkunden.

Gut bewährt haben sich Tränken, bei denen das Wasser kontinuierlich aus einem Tropfhahn ständig in Rillenbretter fließt. Auch Gartenteiche oder Kinderplanschbecken mit einem Schwimmer oder abgedeckt mit Kaninchendraht als Landeplattformen eignen sich als Bienentränke.

Stellen Sie die Tränke in der Nähe des Bienenstocks auf, denn lange Flüge schwächen die Wasserholerinnen unnötig. Wenn keine anderen Wasserquellen verfügbar sind, montieren manche Imker spezielle Tränken direkt am Flugloch.

MINERALIEN-COCKTAIL

Gelegentlich kann man Bienen beobachten, die Wasser aus schmutzigen Pfützen oder Untersetzern von Blumentöpfen sammeln. Sie sind hinter Salzen und Spurenelementen her, die in der Erde, nicht aber in klarem Leitungswasser enthalten sind. Früher setzten die Imker ihrem Zuckersirup eine Prise Salz zu, um ihn für Bienen attraktiver zu machen.

❋ Solche Tränken sind speziell für Bienen gemacht. Tauschen Sie das Wasser regelmäßig aus und halten Sie die Behälter sauber, damit sich keine Bakterien festsetzen.

44 Wie helfe ich einem kleinen Volk über den Winter?

DAS PROBLEM

Es gibt mehrere Gründe, warum die Population eines Bienenvolkes vor dem Winter zu schwach ist. Häufig haben Krankheiten, Schädlinge oder eine leistungsschwache Königin die Population dezimiert oder der Imker ist seinen Aufgaben nicht sorgfältig genug nachgekommen. Ein zu kleines Volk wird den Winter höchstwahrscheinlich nicht überleben.

DIE LÖSUNG

Die sicherste Lösung ist die Zusammenführung des schwachen mit einem starken Bienenvolk, bevor sich der Winter ankündigt. Die Vereinigung kann auf unterschiedliche Weise erfolgen. Am einfachsten ist die »Papiermethode«: Legen Sie einen Zeitungsbogen auf die Zarge mit dem stärkeren Bienenvolk und durchlöchern Sie das Papier vorsichtig an einer oder zwei Stellen. Sprühen Sie die Zeitung mit Wasser ein, um die jeweiligen Stockgerüche zu überdecken. Ohne diese Maßnahme würden die Bienen den Stockgeruch des anderen Volkes wahrnehmen und sich gegenseitig bekämpfen. Entfernen Sie unbedingt die Königin des schwächeren Volkes. Stellen Sie nun die Zarge mit dem schwächeren auf die des stärkeren Volkes. Nach ein paar Tagen haben die Bienen Löcher in die Zeitung gefressen und die Völker sind vereinigt.

Falls Sie rechtzeitig die gefährliche Schwäche eines Volkes bemerken, können Sie auch versuchen, das schwache Volk mit Hilfe eines starken Volkes zu sanieren: Sie können Bruträhmchen mit verdeckelter Brut aus einem stärkeren Volk in die Beute mit dem schwächeren Volk übertragen und zusätzlich durch Zufütterung den Bau- und Bruttrieb stimulieren. Damit gehen Sie allerdings das Risiko ein, zwei Völker vor dem Winter unter Stress zu setzen.

DOPPELVOLK-BETRIEBSWEISE

Eine Form der Völkersanierung ist die Doppelvolk-Betriebsweise. Auch diese muss zeitig vor der Einwinterung geschehen, um bis zum Winter eine ausreichende Population zu erreichen. Dabei werden die Zargen eines schwachen Volkes für etwa 5 Wochen über ein Absperrgitter auf die Zargen eines starken Volkes gesetzt. Die Ammenbienen des starken Volkes helfen beim schwachen mit und die schwache Königin brütet verstärkt.

❋ Wägen Sie sorgfältig ab, ob Sie ein schwaches mit einem starken Bienenvolk vereinigen wollen. Dieses kleine Volk hat eine Überlebenschance, wenn der Winter mild ist oder das Magazin vor Kälte geschützt und mit Winterfutter versorgt wird.

45 Wie behandle ich eine überschwemmte Kolonie?

DAS PROBLEM
An abgelegenen Standorten mit gutem Nektar- und Pollenangebot sind Bienenstöcke manchmal von Wasser, das in den Stock eindringt, bedroht.

DIE LÖSUNG
Ein Bienenstock, der im Wasser steht, ist zwar stark gefährdet, kann aber dennoch überleben. Propolis und Bienenwachs sind wasserdicht, und solange das Magazin zusammenbleibt, lassen sich Bienenstöcke mit etwas Glück auch aus überschwemmten Gebieten retten.

Ein Magazin mit Wasserschäden muss gereinigt und getrocknet werden. Danach können Sie es wieder benutzen. Spülen Sie Schlamm und schmutziges Wasser aus den Waben und säubern Sie die Holzkästen mit einem Hochdruckreiniger.

Nachdem die Waben so gut wie möglich gesäubert worden sind, kommen sie zurück in den Bienenstock. Die Bienen können den mit Wasser verunreinigten Honig noch verarbeiten. Für den menschlichen Verzehr dagegen ist der Honig aus durchnässten Stöcken nicht mehr geeignet, selbst wenn er nicht mit Wasser in Berührung gekommen ist.

Fischen Sie lebende Bienen, die mit dem Wasser abgetrieben wurden, wieder auf und gönnen Sie ihnen einige Ruhetage. Prüfen Sie, ob die Königin noch lebt, und säubern Sie das Brutnest so gut wie möglich. Selbst wenn der Schaden behoben werden kann, braucht das Bienenvolk Zusatzfutter, denn viele Bienen fallen dem Wasser zum Opfer und ertrinken im überschwemmten Bienenstock. Vereinigen Sie Völker, die sehr stark gelitten haben, mit anderen Völkern – gemeinsam sind ihre Überlebenschancen besser.

46 Hat das Bienenvolk genug Vorräte für den Winter?

DAS PROBLEM

Wenn Sie im Laufe des Jahres versäumt haben, die Völker Schritt für Schritt richtig zu pflegen, steigt das Risiko, dass das Volk den Winter nicht übersteht. Nur mit einem guten Pflegeplan wird Ihr Bienenvolk den Winter bis zum nächsten Frühling überstehen.

DIE LÖSUNG

Bereits ab August beginnt die Aufzucht der langlebigen »Winterbienen«, die bis zum Frühling im Bienenstock bleiben. Völker mit etwa 5000 Winterbienen überwintern meist gut. Bringen Sie also Jungvölker bis Ende Juli auf 5000 Exemplare. Die Population von Altvölkern sollte etwas höher sein, denn sie sind weniger brutfreudig. Nach der Honigernte müssen Sie das Bienenvolk auf den Winter vorbereiten. Überfüttern Sie es jedoch nicht, sonst besteht die Gefahr, dass zu wenig Platz für die Aufzucht der Winterbienen ist.

Prüfen Sie die Pollenvorräte und stellen Sie sicher, dass ausreichend proteinhaltiger Futtervorrat für die Brut eingelagert wurde. In der Regel reichen zwei Rähmchen mit Pollenzellen in der Brutraumzarge aus.

Ein Volk braucht je nach Größe 18–22 kg Honig als Wintervorrat. Manche Imker überlassen den Bienen diese Menge an Honigrähmchen, statt nach der Honigernte mit Zuckersirup zu füttern. Bei der Zufütterung sind fertiger Zuckersirup aus dem Fachhandel oder selbst gemachter Sirup gebräuchlich. Mischen Sie unbedingt Nahrungsergänzungsmittel dazu. Füttern Sie keinesfalls fermentierten Honig oder Rohzucker – sie führen zu Durchfall (siehe Problem 64). Auch Honig oder Pollen unbekannter Herkunft sind als potenzielle Krankheitsüberträger tabu. Bis Anfang Oktober sollte die Fütterung erledigt sein, damit die Bienen den Zuckersirup durch Trocknung haltbar machen können.

Bestimmen Sie zum Abschluss die Varroa-Population, behandeln Sie bei Befall, verengen Sie das Flugloch und stellen Sie Mausefallen auf.

47 Wie löse ich durch Wachsbrücken verklebte Zargen?

DAS PROBLEM

In Naturhöhlen bauen Wildbienen ihre Waben nicht in einer einzigen Lage, sondern unregelmäßig von oben nach unten. Sowohl in der Natur als auch im künstlichen Bienenstock legen sie Wachsbrücken zwischen den Waben an. Nimmt die Zahl dieser Brücken stark zu, können die Zargen nicht mehr zur Prüfung geöffnet werden.

DIE LÖSUNG

Für Bienen bieten Lücken in einem bewirtschafteten Bienenstock die Möglichkeit, weitere Waben zu bauen. Wenn die Population eines Bienenvolkes zunimmt, werden die Zwischenräume zwischen den Rähmchen oder den Oberträgern und Unterteilen nach und nach mit Waben (Wachsbrücken oder Wildbau) gefüllt. In den neuen Waben wird die Drohnenbrut gepflegt oder sie dienen als Honig- oder Wasserspeicher. Außerdem nutzen Arbeiterinnen sie, um durch den Stock zu klettern.

In Magazinen, die regelmäßig geöffnet werden, sind keine Probleme zu erwarten, weil der Wildbau überschaubar bleibt. Wird ein Magazin dagegen nur selten geöffnet, ist Wildbau wahrscheinlicher und der Imker läuft Gefahr, dass es sich nur noch schwer und mit möglichen Schäden öffnen und umbauen lässt. In diesem Fall kann Honig aus aufgerissenen Waben ausfließen und Bienen versehentlich getötet werden.

Verengen Sie in Beuten alle Zwischenräume, besonders die Wabengassen, auf den »Bienenabstand« von 8–10 mm ein (35 mm Wabenabstand von Mittelwand zu Mittelwand), sodass die Bienen noch gut aneinander vorbei kommen. Bei größeren Freiräumen beginnen die Bienen Waben hineinzubauen. Im Idealfall sollten alle Zargen zwei- bis dreimal pro Jahr sauber geschabt werden. Nutzen Sie zu dieser Arbeit den Frühling und die Wintervorbereitungen.

REGELMÄSSIGE RÄUMARBEITEN

Ein paar Waben auf den Oberträgern scheinen zunächst unerheblich zu sein, doch mit der Zeit bilden sie stabile Wachsbrücken, die Rähmchen und Zargen miteinander verkleben. Spätestens dann müssen Sie die Zargen mit Klopfen, Aufstoßen oder dem Stockmeißel voneinander trennen. Dabei geraten die Bienen in Verteidigungsstimmung und es kann passieren, dass sie im Honig kleben bleiben, der aus den zerstörten Waben ausfließt.

❋ Die ersten Anzeichen von Waben auf den Oberträgern. Sie werden in die Lücken gebaut und lassen sich noch leicht abschaben, ohne dass das Bienenvolk Schaden nimmt. Allerdings bauen die Bienen schnell neue Waben. Führen Sie die Arbeiten also regelmäßig durch.

48 Was bedeuten viele Weiselnäpfchen im Stock?

DAS PROBLEM

Das Schwärmen ist ein natürlicher Vorgang, der der Vermehrung eines Bienenvolkes dient. Wenn die Arbeiterinnen Weiselnäpfchen für die künftigen Königinnen auf den Waben anlegen, bereitet sich ein Volk auf die Teilung vor.

DIE LÖSUNG

Bei Wildbienen ist das Ausschwärmen ein Zeichen für eine erfolgreiche Saison, denn das alte Volk teilt sich auf und erobert neue Lebensräume. Aus der Sicht des Imkers bedeutet Schwärmen dagegen reduzierte Honigernte und den Verlust von Bienen, falls es ihm nicht gelingt den oder die Schwärme einzufangen. Eine alternde Königin und zu wenig Platz im Brutraum fördern den Schwarmtrieb. Die beste Vorbeugung wird von Imkern seit jeher praktiziert: Die Königin muss regelmäßig ausgetauscht und der Brutraum rechtzeitig vergrößert werden. Denn hat ein Bienenvolk einmal mit den Schwarmvorbereitungen begonnen, lässt es sich auch durch zusätzliches Raumangebot kaum halten.

Große, starke Völker in Schwarmstimmung werden nicht erweitert, sondern geteilt. Für die Ablegerbildung wird das Bienenvolk, sobald es die Weiselzellen für die jungen Königinnen geschlossen hat, geteilt und jede Partei mit Weiselzellen versorgt. Mit Glück ziehen die Bienen die neuen Königinnen auf. Es kann aber dennoch vorkommen, dass die Teilvölker ausschwärmen.

Als letzte Maßnahme können Sie alle sichtbaren Weiselzellen ausschneiden. Sollte dabei aber nur eine übersehen werden, bereitet sich das Volk weiter auf das Schwärmen vor. Ein Bienenvolk mit sehr stark ausgeprägter Schwarmneigung wird sogar ausschwärmen, wenn keine Weiselzellen im ursprünglichen Volk (»Muttervolk«) zurückbleiben, obwohl ein Muttervolk ohne Königin nur kurze Zeit überlebt.

✤ *Ein Volk, das schwärmt, ist ein erfolgreiches, leistungsstarkes Bienenvolk. Imker denken dabei aber eher an reduzierte Honigernte und die vergeblich investierte Arbeit.*

SCHWARMVERHALTEN

Ein gerade gelandeter Schwarm besteht aus einer Traube friedlicher Bienen. Da die Bienen keine »Wohnung« mehr haben, nehmen sie jeden dunklen Hohlraum an, der sich ihnen bietet. Ein erfahrener Imker kennt die Vorzeichen und kann die Schwarmtraube sicher wieder einfangen.

49 Was, wenn Regen den Nahrungsfluss unterbricht?

DAS PROBLEM
Schon ein leichter Regenschauer reicht aus, um Nektar und Pollen von den Blüten abzuwaschen. Die Folge: Die Sammlerinnen liefern keinen Nachschub an Nahrung mehr. Bei besonders kalten Temperaturen kann sogar die Frühtracht ganz ausfallen.

DIE LÖSUNG
Die Natur braucht den Regen, aber zu viel davon oder Regen zur Unzeit ist ein Problem für Landwirte und Imker. Manchmal regnet es im Frühling so viel, dass die Nahrungsquellen für die Bienen komplett zusammenbrechen. Ein Imker hat zwar keinen Einfluss auf das Wetter, kann und muss aber seine Bienenvölker bei Regenwetter unterstützen.

Junge Ableger oder Bienenvölker, die wenig Futter gespeichert haben, sind auf Zusatzfutter vom Imker angewiesen. Das klingt einfacher, als es ist, denn ein Bienenvolk, dessen Stock bei Dauerregen für die Fütterung geöffnet wird, wird traumatisiert. Bei Regen sollten Sie das Magazin wiegen: Ein Niveau von 5–10 kg Futtervorrat sollte nie unterschritten werden. Füttern Sie ansonsten bei nächster Gelegenheit zu. Noch besser sind rechtzeitig installierte Futterzargen oberhalb der Brutraumzargen, die das Volk ausreichend mit Pollenfutter versorgen. Den gleichen Zweck erfüllen knetbare Futterteige auf der obersten Zarge.

Wenn der Regen nachlässt und das Wetter besser wird, sollten Sie das Magazin nicht gleich am ersten warmen Tag öffnen und die Bienen stören. Lassen Sie die Sammlerinnen Futter eintragen und warten Sie mit der Inspektion, bis sich das Volk wieder völlig beruhigt hat.

DER NEKTARFLUSS

Ein Neuimker ist häufig unsicher, wann der Nektarfluss beginnt und welche Vorbereitungen zu treffen sind. Fragen Sie einen erfahrenen Imker, wann der Nektarfluss in ihrer Region durchschnittlich zu erwarten ist und wann er endet. Beobachten Sie, wie sich die Blüten der ersten Tracht (meist Obstbäume) entwickeln und wann sie aufblühen. Sobald der Nektarfluss beginnt, bauen die Bienen fast über Nacht neue Waben und lagern überall dünnen, wässrigen Nektar ein.

❋ *Bienen können bei Regenwetter nicht gut fliegen. Schon ein leichter Schauer wäscht Nektar und Pollen von den Blüten ab.*

5. KAPITEL
ZUCHT UND PFLEGE DER KÖNIGINNEN

Obwohl im Leben eines Bienenvolkes alle Kasten und Entwicklungsstadien wie ein Gesamtorganismus zusammenarbeiten, nimmt die Königin eine besondere Stellung ein. Die »Stockmutter« legt als Einzige Eier (Stifte). Sie ist somit die Mutter aller Mitglieder eines Volkes. Mit ihren Pheromonen steuert sie den gesamten Stock. Ihr Erbgut bestimmt die Verteidigungsbereitschaft des Volkes, die Farbe der Arbeiterinnen und das Putzverhalten. Während des Hochzeitsflugs paart sie sich mit bis zu 12 Drohnen, speichert deren Samen in ihrer Samenblase und legt damit bis zu 4 Jahre befruchtete Eier. Sobald der Spermavorrat aufgebraucht ist und sie nur noch Drohnenbrut produziert, schafft das Volk in Weiselzellen eine neue Königin (»Weisel«) nach.

Ein Imker kann am Verhalten seiner Bienen erkennen, wie leistungsstark eine Königin ist, und zum passenden Zeitpunkt selbst eine neue Königin ins Volk setzen. In diesem Kapitel erfahren Sie, was Sie dabei beachten müssen. Außerdem erfahren Sie Grundlegendes zur Bildung von Königinnenablegern und zum Umlarven sowie über die kurzfristige separate Unterbringung einer Königin oder das Aufspüren und Einfangen. Die meist nur von spezialisierten Imkern betriebene Königinnenzucht erfordert viel Erfahrung und wird hier nur ansatzweise behandelt.

50 Wie wird eine Ersatzkönigin separat untergebracht?

DAS PROBLEM

Es kann vorkommen, dass eine neue Königin nicht sofort in den Bienenstock gesetzt werden kann. Gründe dafür können schlechtes Wetter sein, die Anwesenheit der alten Königin, offene Brut oder Weiselzellen im Stock.

DIE LÖSUNG

Eine bereits begattete Königin sollte nur im Notfall für einige Tage bis sechs Monate separat mit mindestens 10–20 Begleitbienen untergebracht werden. Je länger die Notlösung dauern soll, desto größer muss die Unterkunft sein. Am besten hängen Sie den Transportkäfig mit der Königin, einer Futterquelle und jungen Ammenbienen in einen gut belüfteten Kasten. Geben Sie bei Bedarf weitere junge Bienen und ein mit Wasser getränktes Löschblatt dazu.

An einem kühlen, ruhigen Ort kann eine einzelne Königin für einige Tage mit Begleitbienen und Futter im Transportkäfig verbleiben. Entfernen Sie tote Ammenbienen. Die Königin braucht 1–2 Tropfen Wasser pro Tag. Wenn sich das Zusetzen weiter verzögert, wird der Transportkäfig mit der Königin ohne Begleitbienen für ein paar Tage zu einem Bienenvolk in eine Beute in der Nähe des Brutnestes eingehängt.

Für längere Zeit können Sie neue Königinnen bei einem kleinen Pflegevolk ohne eigene Königin unterbringen. Im Käfig der Königin dürfen sich dann keine Begleitbienen mehr aufhalten. Setzen Sie einmal wöchentlich verdeckelte Brutwaben und Arbeiterinnen von anderen Völkern dazu, damit genügend Ammenbienen vorhanden sind.

Gute Erfahrungen machen Imker auch mit MINI Plus Beuten, in denen die Königinnen quasi in einem kleinstmöglichen Kunstschwarm untergebracht werden.

✻ *Die Königinnen in den weißen Plastikdosen sind übergangsweise in einem belüfteten Kasten untergebracht. Die Dosen stehen in orangefarbenen Lochleisten. Für die Ammenbienen stehen im Kasten Wasser und Zuckersirup bereit. Geben Sie jeden zweiten Tag neue Ammenbienen dazu. Sie akzeptieren die Königinnen und füttern sie.*

51 Wie finde ich die Königin?

DAS PROBLEM
Eine Königin bewegt sich frei durch den Bienenstock und ist trotz ihrer Größe zwischen dem Volk nicht leicht zu entdecken.

DIE LÖSUNG

Besonders, wenn umgeweiselt werden soll, aber auch wenn zu befürchten ist, dass die Königin versehentlich verloren gegangen ist, muss ein Imker die Königin im Stock schnell aufspüren. Selbst erfahrenen Imkern, die eine Königin gewöhnlich sogar zwischen wimmelnden Stockbienen erkennen, gelingt das nicht immer auf Anhieb.

Gehen Sie bei der Suche systematisch vor und folgen Sie ihrer Legespur. Öffnen Sie dazu das Magazin und suchen Sie nach Brutwaben mit Eiern und offenen Zellen mit sehr jungen Maden. Die Königin legt von Wabe zu Wabe, sie befindet sich also in der Richtung, in der das Gelege jünger wird. Überprüfen Sie zuerst eine, dann die andere Seite dieses Rähmchens. Da die Königin Licht und Störungen scheut, flieht sie beim Herausziehen einzelner Rähmchen häufig in den Schatten, weshalb Sie auch die Seiten der Rähmchen gründlich absuchen sollten. Setzen Sie den Smoker dabei möglichst sparsam ein, denn eine fliehende Königin lässt sich nicht mehr einfach anhand der frischen Stifte verfolgen. Störende Arbeiterinnen werden behutsam weggepustet.

Sehen Sie sich bei der Suche nach der Königin Zarge für Zarge separat an und vergessen Sie nicht die Innenwände der Zargen. In einem unzerlegten Magazin mit mehreren Brutraumzargen kann die Königin sich noch leichter verstecken. Absperrgitter (»Königinnengitter«) zwischen den Zargen erleichtern die Suche. Prüfen Sie nach drei Tagen, in welcher Zarge neue Eier gelegt wurden – hier hält sich die Königin auf.

Den Zustand eines Bienenstocks können Sie auch bewerten, ohne die Königin zu suchen. Überprüfen Sie die Zahl der Eier, offene und verdeckelte Brutwaben, Honig- und Pollenkränze um das Brutnest.

UNSICHTBAR IN DER MENGE

Manchmal sammeln sich bei der Überprüfung eines Magazins zahlreiche Bienen auf den Oberträgern der Rähmchen in der gerade nicht überprüften Zarge. Eine dichte Bienentraube ist zwar keine Garantie, dass sich die Königin darin aufhält, aber ein gutes Indiz für den Aufenthaltsort der Königin.

❋ *Die Königin ist in der schieren Menge der Bienen nicht zu sehen. Man schaut automatisch auf das dichte Gewimmel rechts im Bild und übersieht dabei, dass sich die Königin ganz links aufhält.*

52 Warum produziert ein Volk zu wenig Nachwuchs?

DAS PROBLEM

Mit einer leistungsschwachen Königin wird die Population mit der Zeit unter eine kritische Grenze sinken. Auch steigt die Gefahr, dass ein Volk in Schwarmstimmung gerät. Ein Imker muss die Ursachen für eine legeschwache Weisel erkennen und notfalls eine neue Königin einsetzen.

DIE LÖSUNG

Alte Königinnen beginnen nach etwa 3 Jahren zu schwächeln, spätestens nach 5 Jahren ist ihre Samenblase leer. Auch eine junge Weisel produziert wenig Nachwuchs, wenn der Hochzeitsflug wegen schlechtem Wetter oder Drohnenmangel unergiebig war.

Bei einer leistungsstarken Königin im besten Alter liegen die Gründe für den Rückgang des Nachwuchses meist woanders. Um Nahrungs- oder Arbeiterinnenmangel auszuschließen, hängen Sie ein oder zwei Rähmchen mit verdeckelter Brut von einem starken Bienenvolk in die Beute. Füttern Sie Kohlenhydrate und Protein, um Futtermangel auszuschließen. Überprüfen Sie außerdem einen Befall mit Varroa-Milben. Auch schlechtes Wetter oder Pestizide wirken hemmend. Erst wenn Sie alle anderen Ursachen ausschließen können, muss der Grund für das Problem bei der Königin gesucht werden.

Ein Austausch der alten gegen eine neue Königin (Umweiselung) ist nur sehr früh oder spät im Bienenjahr aussichtsreich. Züchter bieten ihre Weiseln zwischen Spätfrühling und Spätherbst an.

Spürt ein Bienenvolk die Schwäche der Königin, wird es selbst beginnen, eine neue Königin zu erbrüten. Dieser Vorgang dauert etwa 50 Tage. Sie können ihn beschleunigen, um das Volk auf ausreichende Überwinterungsstärke zu bringen: Entfernen Sie die alte Königin sowie alle Eier und sehr junge Larven. Zerstören Sie alle Weiselzellen. Hängen Sie schließlich eine Wabe mit Eiern oder sehr jungen Larven von einem Bienenvolk mit den erwünschten Eigenschaften in die Beute.

LANGSAM EINGEWÖHNEN

Der Duft einer neuen Königin ist den Arbeiterinnen noch fremd und sie werden versuchen, den »Eindringling« zu vernichten. Sie müssen langsam aneinander gewöhnt werden. Der Zusetzkäfig wird mit einem Stück Futterteig verschlossen und in den Stock gehängt. Die Bienen fressen sich langsam durch das Futter. Bis der Weg frei ist, hat das Volk die neue Königin meist akzeptiert, denn während dieser Eingewöhnungsphase wird sie bereits von den jungen Ammenbienen gefüttert.

❋ *Ist die Königin schwach oder hat das Bienenvolk andere Schwierigkeiten? Die Königin hat Arbeiterinnen und Drohnen produziert, aber der Bau der Waben schreitet nur langsam voran, denn der Nektar fließt nur spärlich. Ein Imker sollte dieses Volk regelmäßig kontrollieren.*

53 Was bedeuten mehrere Eier in einigen Zellen?

DAS PROBLEM

Mehrere Eier pro Zelle bedeuten schlimmstenfalls, dass ein Bienenvolk seine Königin verloren hat und sich Eier legende Arbeiterinnen entwickeln. Es könnte aber auch sein, dass die Königin selbst aus Unerfahrenheit oder Platzmangel mehrere Eier in die Zelle gelegt hat.

DIE LÖSUNG

Falls die Königin in einem gesunden Volk versehentlich mehrere Eier in dieselbe Zelle gelegt hat, werden die Ammenbienen die überzähligen, eine erfolgreiche Entwicklung behindernden Eier oder Larven entfernen.

Problematisch und für den Imker meist auffällig sind durch Drohnenbrütigkeit überbelegte Brutzellen: Wenn das Bienenvolk seine Königin verloren hat und keine neue erbrüten kann, weil offene Brutzellen mit Eiern oder sehr jungen Larven fehlen, entwickeln sich in einigen Arbeiterinnen ohne die hemmenden Pheromone der Königin die Eierstöcke. Diese »Afterweiseln« nennt man auch »Drohnenmütterchen«, denn sie legen unbefruchtete Eier, aus denen nur Drohnen schlüpfen. Weitere Indizien dafür sind ein unregelmäßiges Brutnest und Eier an den Wabenwänden. Ein solches »drohnenbrütiges« Volk, das keine Arbeiterinnen mehr nachproduzieren kann, ist dem Untergang geweiht. Die Versorgung bricht in kürzester Zeit zusammen. Ein einfaches Einsetzen einer neuen Königin löst das Problem nur selten, denn die Drohnenmütterchen akzeptieren sie meist nicht.

Ein solches Volk kann sich nicht mehr erholen. Es ist meist bereits stark geschwächt und die warme Jahreszeit zu weit fortgeschritten. Legen Sie eine Zeitung auf die Brutraumzarge eines starken Volkes und stellen Sie die Zarge mit Drohnenmütterchen darauf, damit sich die beiden Bienenvölker vereinen können.

NOTRETTUNG

Man geht davon aus, dass die Afterweiseln nur schlecht und langsam fliegen können. Deshalb kehren viele Imker in einiger Entfernung zum Stock über einem großen Tuch die Bienen von den herausgenommenen Waben. Gesunde Bienen fliegen zum Stock zurück, die trägen Drohnenmütterchen auf dem Tuch werden vernichtet.

❋ *Normalerweise beheben Ammenbienen die Überbelegung von Zellen sehr schnell. Dieses Foto zeigt den seltenen Fall einer Zelle mit mehreren Larven (links unten sind drei Larven zu erkennen). Ein Indiz dafür, dass etwas im Stock nicht stimmt.*

54 Wie soll ich meine Königin markieren?

DAS PROBLEM

Es ist grundsätzlich nicht einfach, die Königin unter Tausenden ihrer Arbeiterinnen aufzuspüren. Noch schwieriger sind junge, kleine und unbegattete Königinnen zu finden. Sie unterscheiden sich nur unwesentlich von den Arbeiterinnen.

DIE LÖSUNG

Um die Königin eines Volkes rasch aufspüren zu können, wird sie gekennzeichnet (zu den Schwierigkeiten beim Aufspüren einer Königin siehe Problem 51). Früher knipste man bei den Königinnen die Spitze des Vorderflügels ab, damit die Tiere beim Schwärmen nicht so hoch und weit fliegen. Manche Imker benutzten sogar unterschiedliche Markierungen auf dem rechten oder linken Flügel, um das Alter einer Königin bestimmen zu können. Diese die Königin stark beeinträchtigenden Markierungen sind in der modernen Imkerei nicht mehr üblich. Stattdessen werden Königinnen heutzutage mit Markierungsplättchen oder geeignetem Lack gezeichnet.

Die Farben brauchen eine gewisse Zeit zum Trocknen und dürfen nur als winziger Fleck oben auf den Thorax (Brustabschnitt) getupft werden, keinesfalls auf Kopf, Hinterleib oder Flügel. Üben Sie die Technik an Drohnen. Versuchen Sie sehr wenig Farbe kreisförmig zu verreiben, eine dünne Farbschicht trocknet schneller als ein dicker Klecks. Dass Königinnen bei dieser Prozedur selten stechen, erleichtert die Arbeit. Erfahrene Imker halten die Königin vorsichtig, ohne sie zu quetschen, zwischen Daumen und Zeigefinger. Im Fachhandel werden zahlreiche Hilfsmittel zum sicheren Halten und Zeichnen der Königin angeboten, beispielsweise ein »Zeichenrohr« mit Schaumstoffpolsterung.

✤ Der international eingeführte Farbcode lautet (jeweils für die letzte Ziffer der Jahreszahl): Weiß (1 oder 6), Gelb (2 oder 7), Rot (3 oder 8), Grün (4 oder 9) und Blau (0 oder 5). Damit lässt sich feststellen, wann die Königin eingesetzt wurde.

FARBIGE MARKIERUNGEN

Königinnen lassen sich nur schwer mit dem Pinsel markieren. Benutzen Sie stattdessen kleine Rundhölzchen oder die Rückseite eines Schaschlikspießes. Nehmen Sie die Farbe aus dem Deckel der Farbdose auf, tauchen Sie das Holz nicht in die Farbe ein. Zum Zeichnen der Königin genügt sehr wenig Farbe. Sie können auch farbige Plastikplättchen verwenden, die der Königin auf den Rücken geklebt werden.

55 Wie greife ich eine Königin richtig?

DAS PROBLEM
Da sich keine Königin gerne einsperren lässt, muss der Imker vorsichtig arbeiten, wenn er sie zeichnen oder in einen Weiselkäfig setzen will, um sie nicht zu verletzen.

DIE LÖSUNG
Man braucht eine gewisse Erfahrung und viel Gefühl, um die Königin sicher zu greifen und falls notwendig in die knapp 1 cm breite Öffnung des Weiselkäfigs zu setzen. Packen Sie die Königin zu fest, wird sie verletzt, lassen Sie sie fallen, kann sie wegfliegen.

Bevor Sie die Königin anfassen, entfernen Sie zunächst Propolis und klebriges Wachs von den Fingern. Fassen Sie die Königin dann vorsichtig an den Vorderflügeln an, um sie aus dem Nest zu heben. Dann übertragen Sie sie vorsichtig in die andere Hand: Die Königin wird sicher, aber ohne viel Druck zwischen Daumen und Zeigefinger am festen Thorax festgehalten. Niemals darf die Königin am Kopf oder gar am empfindlichen Hinterleib gegriffen werden! Falls Sie daneben greifen, wird die Königin unruhig, läuft herum und beginnt mit den Flügeln zu schlagen. Bleiben Sie in diesem Fall ruhig und versuchen Sie es noch einmal.

Manchmal ist es hilfreich, im Licht eines großen, verschlossenen Fensters zu arbeiten. Sollte die Königin entwischen, fliegt sie gegen die Scheibe und kann wieder eingefangen werden. Das Hantieren mit einer Königin im Auto bei geschlossenen Türen und Fenstern, ist sehr riskant, da sie hier viele Verstecke findet. Falls es in Ermangelung eines geschlossenen Arbeitsraumes notwendig ist, überprüfen Sie zunächst, ob alle Lüftungsschlitze geschlossen sind. Falls die Königin entwischt, wird sie auch im Auto zunächst Richtung Fenster fliegen.

* *Eine Königin bleibt im Käfig, bis sie im Stock freigelassen wird.*

EINKÄFIGEN EINER KÖNIGIN

Es gibt viele Gelegenheiten, bei denen die Königin in einen Käfig gesetzt werden muss: Um einen Schwarm am erneuten Ausschwärmen zu hindern, um sie zu verkaufen oder einem befreundeten Imker zu schenken. Auch wenn sich eine fremde Königin zu früh befreit und von den Stockbienen angegriffen wird, muss sie wieder gefangen und erneut eingesperrt werden. Es zahlt sich aus, wenn ein Imker diese Technik perfekt beherrscht.

56 Wie bekomme ich die Larve vom Umlarvlöffel?

DAS PROBLEM

Sehr junge Larven, die zur Königinnenzucht aus den Wabenzellen in einen Weiselbecher umquartiert werden, sind nicht größer als ein frisch gelegtes Ei und äußerst empfindlich. Sie müssen genau in derselben Position in die spezielle Zelle abgesetzt werden.

DIE LÖSUNG

Der Umlarvlöffel ist ein Gerät mit dünner, biegsamer Spitze. Der Imkereibedarfhandel bietet verschiedene Modelle an. Sie können einen Umlarvlöffel aber auch selbst aus einem Streichholz herstellen, indem Sie es an einem Ende sehr dünn abschaben. Auch Gänsefedern oder sehr dünne Plastikstreifen eignen sich als Umlarvlöffel.

Für diese diffizile Arbeit tragen viele Imker gerne eine Kopflupe mit Lampe. Greifen Sie mit dem Umlarvlöffel unter die C-förmige Larve, sodass Kopf und Hinterende seitlich von dem Löffel herabhängen. Achten Sie darauf, dass die Larve nicht vollständig auf dem Löffel liegt, denn dann muss sie heruntergeschoben werden, wobei sie sich verletzen kann. Merken Sie sich das Hinterende der Larve und setzen Sie es am Boden der neuen Zelle an. So in den Weiselbecher übertragen, haftet das hintere Enden am Boden fest und Sie können den Löffel vorsichtig wegziehen. Niemals darf das Kopfende nach unten zeigen, sonst erstickt die Larve im Futtersaft.

Nach dem Umlarven wird aus der ganz normalen winzigen jungen Larve mit Hilfe eines speziellen Futters eine Königin herangezogen. Um die enorme Menge dieses sogenannten Gelée Royale für die Weiselzellen herbeizuschaffen, sind viele gesunde Arbeiterinnen erforderlich. Imker, die sich auf die Zucht von Königinnen spezialisiert haben, befestigen die Weiselzellen auf speziellen Zuchtrahmen in Zuchtvölkern. Deren Futterreserven werden für die Königinnen und jungen Ammenbienen verbraucht, bis sich die Königinnen mit Drohnen paaren können.

DAS RICHTIGE WERKZEUG

Bei der Königinnenzucht werden die jungen Larven aus den Wabenzellen in Weiselbecher aus Plastik oder Wachs übertragen. Der entscheidende Schritt dieser Prozedur ist die Umlagerung (»Umlarven«) der winzigen Larven. Für diese Arbeit gibt es kein Standardwerkzeug. Imker benutzen flache, biegsame Werkzeuge improvisiert aus Zahnstochern, Hartlötstäben, Zweigen oder Gänsefedern sowie Umlarvlöffel aus dem Fachhandel.

❋ *Das Leben dieser prallen Königinnenlarve begann als ganz normales Ei. Allein die Sonderbehandlung macht sie später zur Weisel, dem einzigen geschlechtsreifen Vorsteher eines Volkes von unfruchtbaren Arbeiterinnen.*

57 Wie züchte ich gezielt Drohnen für die Paarungszeit?

DAS PROBLEM

Drohnenmangel gefährdet langfristig gesehen jedes Volk, denn eine Königin muss sich bei ihrem Hochzeitsflug mit mehreren Drohnen paaren. Es gibt jedoch nur wenige Imker, die Brutplätze speziell für Drohnen anbieten.

DIE LÖSUNG

Für die Entwicklung ihres zukünftigen Volkes muss sich die Königin mit 7–15 Drohnen paaren. Früher verließen sich Imker oft auf Drohnen wilder Bienen, aber die sind selten geworden. Eine Alternative ist, Drohnen gezielt zu züchten. Hängen Sie dazu spezielle Drohnenrahmen mit oder ohne Mittelwand in die Beute, auf denen die Bienen etwas größere Drohnenwaben bauen und so für »Nachschub« an männlichen Bienen sorgen.

Die Steigerung der Drohnenbrut muss allerdings von einer aufmerksamen Varroa-Kontrolle begleitet sein, denn Varroa-Milben bevorzugen Drohnenbrut, weil sie einen längeren Entwicklungszyklus hat. Mit einer höheren Zahl Drohnen steigt auch die Zahl der Varroa-Milben. Das Einsetzen von Drohnenrahmen erfreut sich daher zunehmender Beliebtheit als »Varroa-Fallen«: Nachdem die Drohnenzellen verdeckelt sind, nimmt der Imker sie aus der Beute und tötet Brut und Milben durch Kältebehandlung. Diese Praxis des »Drohnenschneidens« als biotechnische Alternative zur chemischen Varroa-Kontrolle ist wohl mit für den allgemeinen Drohnenmangel verantwortlich.

Die moderne Imkerei hat diese Methode als alleinige Maßnahme als weitgehend unwirksam erkannt. Wenn Sie Ihre Bienenvölker regelmäßig überprüfen und die Milben mit den üblichen Mitteln bekämpfen, sollten die Arbeiterinnen genügend Drohnen heranziehen, um eine Königin zu begatten.

❋ *Schlüpfende Drohnen. Jede Königin muss sich mit 7–15 Drohnen paaren, um ein starkes Volk zu gründen.*

FLIEGENDE DROHNEN

Innerhalb des Bienenstocks verhalten sich Drohnen lethargisch, doch im Freien verwandeln sie sich in schnelle und aggressive Flugkünstler. Sie fliegen zu den sogenannten Drohnensammelplätzen und warten auf Königinnen, die sich noch nicht gepaart haben. Nach Schätzungen paart sich nur 1 % der Drohnen mit einer zukünftigen Königin. Voll entwickelte Drohnen sind nicht an bestimmte Völker gebunden, sondern fliegen von Volk zu Volk.

58 Warum entwickeln sich Königinnenableger schlecht?

DAS PROBLEM

Ableger sind kleine Völker aus meist 3–5 Brutwaben mit geringen Futtervorräten. Da sie zu schwach sind, um Schwierigkeiten eigenständig zu überwinden, muss der Imker anfangs viel eingreifen.

DIE LÖSUNG

Um die Königinnenausbeute zu optimieren, bilden viele auf Königinnenzucht spezialisierte Imker kleine Ableger. Jeder Ableger enthält eine reife Weiselzelle. Auf diese Weise kann die gleiche Zahl von Ammenbienen mehr Königinnen versorgen. Je kleiner jedoch das Volk, desto pflegeintensiver ist es. Ableger, die sich selbst überlassen bleiben, schaffen es auch bei guter Pflege und Versorgung nur selten, genügend Futtervorräte für den Winter zu sammeln. Aus diesem Grund werden sie oft im Hochsommer, wenn die Gefahr von Räuberei durch fremde Bienen, Wespen oder Hornissen zunimmt (siehe Problem 67), wieder mit einem größeren Volk vereint.

Füttern Sie den Königinnenableger regelmäßig mit Zuckersirup und Pollenfutter. Sollte er sich nicht zu einem stabilen Jungvolk entwickeln, werden zusätzlich Bienen und Bruträhmchen von erfolgreicheren Völkern eingehängt. In wärmeren Regionen sollten die Magazine im Schatten, in kühleren in der Sonne stehen. Zum Schutz vor Dachsen und anderen Räubern gehört das Magazin auf einen hohen Beutenbock oder muss durch einen Zaun geschützt werden.

✤ *Eine ausgereifte Weiselzelle, die sich in ihrem Bienenstock natürlich entwickelt hat.*

ERFOLGREICHE KÖNIGINNENABLEGER

Ein gewisser Anteil an Königinnenablegern wird sich stets schlecht entwickeln. Wenn ein Ableger jedoch erfolgreich ist, fliegt die Königin aus, paart sich und kehrt in den Ableger zurück. Das kleine Jungvolk hat noch nicht genug Arbeiterinnen, um sich zu verteidigen – mit Stichen ist daher kaum zu rechnen. Die Königinnen sind zwischen den wenigen Bienen des Ablegers gut zu finden.

 Wieso wurde meine Ersatzkönigin getötet?

DAS PROBLEM
Ältere Honigbienen töten in der Regel jede Königin, die im Zuge einer Neubeweiselung von außen zugesetzt wird. Obwohl sie selbst keine Königin mehr erbrüten können, betrachten sie die neue Königin als Eindringling. Daher muss eine Ersatzkönigin langsam und mit Bedacht mit den Stockbienen vereinigt werden.

DIE LÖSUNG
Vor allem noch ungepaarte Königinnen werden von Stockbienen angegriffen und sollten niemals in ein etabliertes Volk gesetzt werden, das schon eine begattete Königin hatte. Sehr früh oder spät im Jahr akzeptieren weisellose Völker nahezu jede begattete Ersatzkönigin. Dazwischen sollte eine neue Weisel am besten noch am selben Tag eingesetzt werden.

Setzen Sie die neue Königin nie sofort in die Beute. Das Volk sollte zumindest 3 Stunden weisellos sein, um den Bedarf einer neuen Königin zu verinnerlichen. Offene Brut und Weiselzellen sollten dabei nicht im Stock sein. Lassen Sie das Volk jedoch nicht zu lange ohne Königin, sonst wird es drohnenbrütig oder beginnt selbst mit der Nachschaffung einer neuen Königin. Entfernen Sie alle Begleitbienen aus dem Käfig der Königin und hängen Sie ihn so nahe wie möglich an das Brutnest. Er wird mit einem etwa walnussgroßen Stück zuckerhaltigem Futterteig verschlossen, den die Bienen nach etwa fünf Tagen aufgefressen haben. Dann ist die Königin frei.

Wenn eine neue Königin in den Stock gesetzt wird, sammeln sich die Stockbienen direkt am Käfig, als wollten sie zu der Königin vordringen und sie pflegen. Falls sich die Stockbienen jedoch in einer großen Traube um den Käfig sammeln, ist das ein klares Zeichen für Aggressivität.

✤ *Befreien Sie eine neue Königin erst dann aus dem Käfig, wenn die Stockbienen sie akzeptieren. Andernfalls wird sie von den Bienen getötet. Setzen Sie die Königin beim ersten Anzeichen von Aggressivität zurück in den Käfig.*

6. KAPITEL
KRANKHEITEN UND SCHÄDLINGE

Wie jedes Lebewesen können auch Honigbienen von Krankheiten und Schädlingen befallen werden. Ein starkes, gesundes Bienenvolk wird mit einer gelegentlichen Infektion durchaus allein fertig. Nur wenn die Krankheit bedrohlich wird, muss der Imker mit einer effizienten Behandlung eingreifen.

Varroa-Milben bedrohen die Bienenvölker auf der ganzen Welt. Und nicht nur sie bilden eine Gefahr, sondern auch die Viren, die von den blutsaugenden Milben auf die Bienen übertragen werden. Krankheitserreger wie die Gutartige (Europäische; EFB) und die Bösartige (Amerikanische; AFB) Faulbrut haben sich stärker auf ihre Wirte spezialisiert. Während manche Bienenvölker EFB überleben und erfolgreich saniert werden können, ist AFB tödlich.

Jede effiziente Behandlung beginnt mit der genauen Beobachtung des betroffenen Bienenvolks. Je früher der Imker die Symptome erkennt, desto besser stehen die Chancen, dass er seine Bienen retten kann. Wie die Beispiele in diesem Kapitel zeigen, sind die Symptome leider nicht immer eindeutig. Manche Krankheiten weisen ähnliche Symptome auf, und ein Bienenvolk kann auch unter mehreren Krankheiten gleichzeitig leiden.

 Wie schütze ich die Bienen im Winter vor Mäusen?

DAS PROBLEM

Im Herbst suchen Mäuse nach einem geeigneten Unterschlupf für den Winter. Leere, aber auch bewohnte Bienenstöcke sind ein gerne genutztes Winterquartier. Tote Bienen, Honig- und Pollenvorräte locken zusätzlich als Nahrungsquelle.

DIE LÖSUNG

Mäuse haben in einem Bienenstock nichts zu suchen. Sie stören die Winterruhe der Bienen, die sich deshalb stärker bewegen und mehr von ihrem Honigvorrat fressen müssen. Für ihre Nisthöhle beißen Mäuse Löcher in die Waben, nagen an den Rähmchen und hinterlassen unangenehm stinkenden Kot. Stellen Sie im Herbst Mausefallen auf, die bis zum Frühling stehen bleiben.

Verschließen Sie alle Zugänge zum Bienenstock und verkleinern Sie das Flugloch auf 1 cm Höhe. So ist es unpassierbar für Mäuse. In manchen Magazinböden kann auch die Breite des Fluglochs verringert werden. Am einfachsten ist ein Brett, das den Eingang über die ganze Breite auf 1 cm verengt. Natürlich sind auch andere Sperren möglich: Verschließen Sie ein zu hohes Flugloch vollständig mit einer Holzleiste, in die als Flugloch eine 1 cm × 8 cm große Nut gesägt wird. Fachgeschäfte für Imkereibedarf liefern auch passgenaue Keile für jeden Zargentyp, um das Flugloch zu verengen.

Manche Imker befestigen einen Maschendraht (5–6 mm Maschenweite) auf Flugloch und Anflugbrett. Falten Sie den Draht in einem 90-Grad-Winkel und tackern Sie ihn am Holz fest, damit Tiere das Gitter nicht abheben können. Lebende Bienen können sich durch die engen Maschen des Drahts zwängen. Arbeiterinnen, die tote Bienen entsorgen wollen, müssen damit allerdings bis zum Frühling warten, wenn das Gitter wieder entfernt wird.

MÄUSESICHER

Lagern Sie leere Zargen und Magazine auf festem Zementboden. Drehen Sie die Haube eines Magazins wie ein Tablett um und stapeln Sie die Zargen darin auf. Decken Sie den Stapel oben mäusesicher mit einer zweiten Haube ab. Suchen Sie nach Spalten und verfaulten Ecken, durch die Mäuse eindringen könnten, und verschließen Sie die Öffnungen mit Blechen.

❋ *In diesem Bienenstock kann der Sommereingang für den Winter auf 1 cm verengt werden, damit das Bienenvolk seine Winterruhe ohne Störungen durch Mäuse verbringen kann. Als Nebeneffekt hält der enge Eingang kalte Winterwinde ab.*

61 Wie rette ich ein mehrfach infiziertes Volk?

DAS PROBLEM

Es kommt manchmal vor, dass ein Bienenvolk unter mehreren Krankheiten gleichzeitig leidet. Ein Imker sollte die einzelne Krankheitsbilder sehr genau unterscheiden können.

DIE LÖSUNG

Die Erfahrung, Krankheiten oder Schädlinge eines Bienenvolkes an den Symptomen sicher zu erkennen, erwirbt ein Imker erst im Laufe der Zeit. Selbst wenn Sie sich schon ausführlich theoretisch mit Hilfe von Fachbüchern vorbereitet haben, sollten Sie im Ernstfall nicht alleine an Ihren erkrankten Bienen »üben«, sondern einen Imker mit viel Erfahrung hinzuziehen. Noch schwieriger und wichtiger wird eine sichere und schnelle Diagnose, wenn das Volk unter mehreren Krankheiten gleichzeitig leidet.

Nur wenn eine Krankheit rasch und sicher erkannt und sofort behandelt wird, ist die Zukunft eines Wirtschaftsvolkes gesichert. Informieren Sie sich in der Fachpresse, auf Imkerkongressen, in Vereinen oder bei erfahrenen Imkern über die regional akuten Krankheiten. Bauen Sie ein kleines Netzwerk aus befreundeten Imkern auf, mit denen Sie Probleme diskutieren und bei denen Sie Lösungen erfragen können. Insbesondere als Jungimker sollten Sie im Zweifelsfall einen erfahrenen Imker oder Ihren Imkerpaten mit hinzuziehen oder auch bei einem anderen Imker Schadbilder kennenlernen.

Ein zuvor gesundes und gut entwickeltes Bienenvolk erholt sich mit der Zeit von der Krankheit und wächst zu alter Stärke heran. Bleiben Sie trotzdem wachsam, denn Symptome können schnell auftreten oder sich verändern. Je früher kleine Schwächen erkannt und behoben werden, desto besser sind die Heilungschancen und desto geringer die Gefahr, dass ein von einer Krankheit geschwächtes Volk zusätzlich von weiteren Schädlingen und Erregern befallen wird.

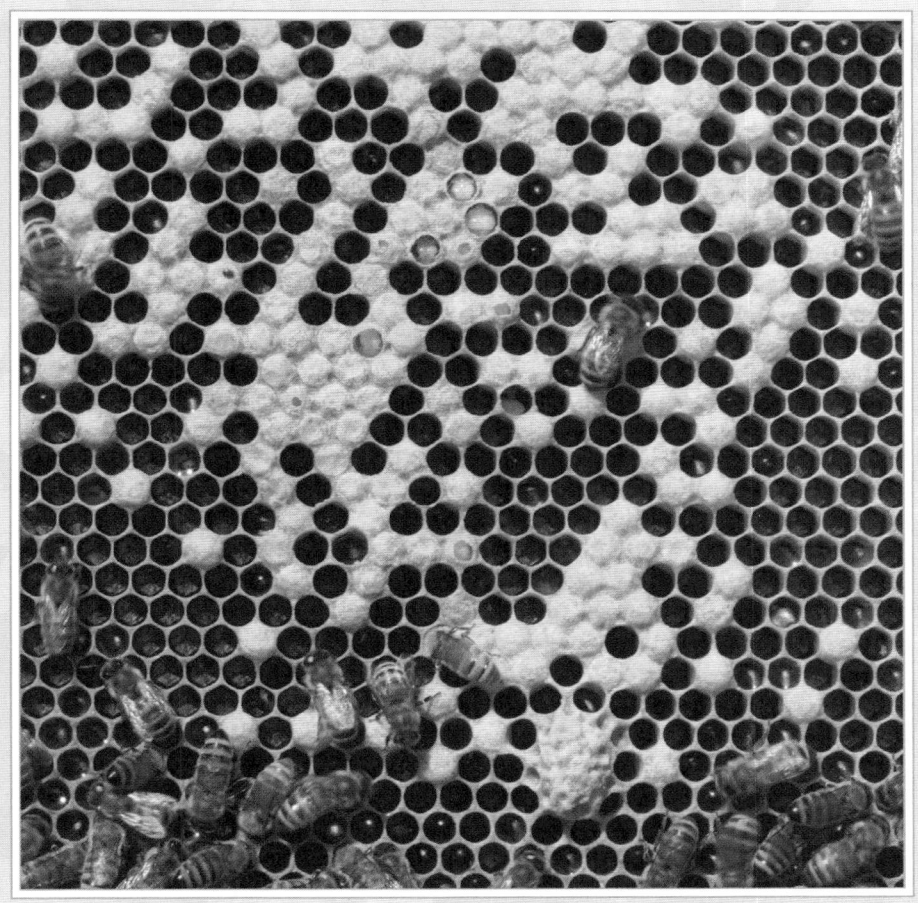

❋ Dieses Bienenvolk kämpft mit mehreren Problemen gleichzeitig. Im oberen linken Viertel des Fotos ist eine einzelne Varroa-Milbe zu sehen. Die Zelle mit der entwickelten Puppe (oben, Mitte) darf jetzt nicht geöffnet werden. Unten sind eine tote Vorpuppe (Mitte) und eine unzureichende Weiselzelle (Mitte) zu erkennen. Es gibt in dieser Wabe weder offene Madenzellen noch Pollenspeicher für künftige Maden. Dieses Volk braucht Hilfe.

62 Was ist bei starkem Befall mit Varroa-Milben zu tun?

DAS PROBLEM
Varroa-Milben *(Varroa destructor)* sind in ganz Mitteleuropa verbreitet. Wenn der Befall (Varroose) nicht behandelt wird, vermehren sich die Milben so rasch, dass sie ein ganzes Volk töten können.

DIE LÖSUNG
Noch gibt es weder chemische Mittel noch andere Maßnahmen, mit denen die Milben vollständig ausgerottet werden können. Die Varroa-Behandlung zielt deshalb darauf ab, den Befall möglichst gering zu halten. Eine regelmäßige Prüfung der Milbenpopulation sollte daher für jeden Imker selbstverständlich sein. Bei der verbreiteten »Gemülldiagnose« zählt man, wie viele Milben auf eine Bodeneinlage gefallen sind. Besser und aussagekräftiger ist es, den Befall von Bienenproben auszuzählen. Im Unterschied zu einigen Nachbarländern ist die Varroose in Deutschland nicht meldepflichtig.

Varroa-Milben befallen bevorzugt Drohnen. Viele Imker setzen daher auf das »Drohnenschneiden«, um Milbenbefall zu reduzieren (siehe Problem 57). Als alleinige Bekämpfungsmethode ist diese Praxis jedoch ungeeignet.

Der Fachhandel bietet verschiedene Arzneimittel zur Bekämpfung an, darunter organische Säuren, die auf Trägermaterial in die Zargen eingebracht werden. Diese Mittel dürfen jedoch nur außerhalb der Trachtzeit angewendet werden. Darüber hinaus sind die noch unerforschten Langzeitwirkungen und Ablagerungen in Bienenprodukten sowie Gewöhnungseffekte dieser Mittel problematisch. Tauschen Sie die Rähmchen regelmäßig aus, damit sich darauf keine chemischen Rückstände ablagern. Durch jährlichen Wechsel des Mittels beugen Sie Resistenzen vor. Kombinieren Sie am besten chemische und mechanische (Drohnenfallen, Gitterboden mit Wanne) Behandlungsweisen. Wählen Sie resistente oder robuste Königinnen.

❋ *Ein Bienenvolk nach massivem Varroa-Befall. Die roten, schildkrötenförmigen Plättchen sind die Milben. Die Biene mit deformierten Flügeln weist darauf hin, dass pathogene Viren übertragen wurden. Der Stock wurde Anfang September vom Ausbruch der Seuche erfasst und hatte keine Zeit mehr sich zu erholen.*

63 Warum kriechen die Bienen hoch zum Flugloch?

DAS PROBLEM

Wenn sich vor dem Bienenstock Trauben bilden und die Bienen beispielsweise an Grashalmen hochklettern, statt in den Stock zu fliegen, könnten sie von der Tracheenmilbe befallen sein *(Akarapidose)*. Es gibt allerdings auch Bienen, die sich selbst bei starkem Befall normal verhalten. Da von Tracheenmilben befallene Völker weniger Honig einlagern, steigt die Gefahr, dass sie den Winter nicht überleben.

DIE LÖSUNG

Die 0,1 mm großen Tracheenmilben *(Acarapis woodi)* setzen sich im Atmungssystem von Drohnen, Arbeiterinnen und Königinnen fest und saugen an den Tracheenwänden das Bienenblut (Hämolymphe). Wenn die jungen Milben geschlechtsreif werden, paaren sie sich und verlassen die geschwächte und meist sterbende Biene. Wenn sie nicht binnen einiger Stunden einen neuen Wirt finden, sterben die Milben.

Eine sichere Diagnose ist nur unter einer starken Lupe an einer aufgeschnittenen Biene möglich. Normale Tracheen sind milchig weiß gefärbt. Dunkle Flecken sprechen für eine Milbeninfektion. Neuimker sollten sich von einem erfahrenen Imker beraten und helfen lassen. Die deutsche Bienenseuchen-Verordnung sieht im § 14 eine Behandlungspflicht aller Bienenvölker an einem stark betroffenen Stand vor. Bei seuchenartigen Ausbrüchen ist zuweilen Abschwefeln, also das Töten des gesamten Bienenbestandes die letzte Lösung.

Eine direkte Behandlung ist wegen der Rückstandsproblematik derzeit nicht möglich. Allerdings kann man das Volk bei der Selbstheilung unterstützen: Eine gute Pollenversorgung oder der Einsatz einer neuen Königin kann den Bruttrieb anregen. Bieten Sie außerdem keine Steighilfen an, damit die befallenen Bienen nicht zurück in den Stock können, und stellen Sie vorbeugend nicht zu viele Völker an einen Standort.

64 Was bedeutet Kotverschmutzung von Beute und Waben?

Diese Symptome sind Hinweise auf *Nosemose* und Durchfall. *Nosemose* ist eine Pilzkrankheit, die Arbeiterinnen, Drohnen und Königinnen befällt und die Population verringert. Starke dunkelbraune Kotspuren an der Front und auf den Waben deuten auf nahrungs- oder stressbedingten Durchfall hin.

DIE LÖSUNG

Die pathogenen Pilze *Nosema apis* und *Nosema ceranae* sind die Verursacher der tödlichen *Nosemose*. Sie ist die häufigste Erkrankung erwachsener Bienen. Die Pilze vermehren sich im Darm der Bienen, der Kot ist hochinfektiös. Die Tiere sind matt und haben oft einen geschwollenen Hinterleib. Tote Bienen vor dem Stock, zusammen mit gelblichem Durchfall innerhalb und außerhalb der Beute sprechen für *N. apis*. Ein Volk, das mit *N. ceranae* infiziert ist (Asien), kann auch ohne diese Symptome sterben.

Eine einfache Diagnosemethode ist, verendeten Bienen den Stachel herauszuziehen. Bei Nosemose ist der Inhalt des anhängenden Darms meist weißlich-glasig. Endgültige Klarheit bringt eine mikroskopische Untersuchung. Die Krankheit ist nicht anzeigepflichtig.

Eine Antibiotikabehandlung hemmt die Sporenentwicklung im Darm, beseitigt allerdings nicht die Erreger selbst. Deshalb sollten Sie Waben und Werkzeug gründlich desinfizieren, am besten funktioniert ein kompletter »Umzug« durch Brutablegerbildung.

Durchfall kann auch auftreten, wenn Bienen zu spät oder mit ungeeignetem Futter (fermentiertem oder wässrigem Honig oder Invertzucker) versorgt werden. Auch bei extrem langer Winterruhe wird die überfüllte Kotblase »notentleert«. Der Durchfall selbst ist nicht lebensbedrohlich, aber die geschwächten Bienen werden sehr infektionsanfällig. In Verbindung mit anderen Krankheiten, etwa Befall mit *N. apis* oder der Amöbenruhr (Infektion mit *Malpighamoeba mellificae*), kann Durchfall tödlich sein. Schalten Sie zur Bekämpfung bzw. Vorbeugung die Ursachen aus und schmelzen Sie beschmutzte Waben ein.

 Was bedeutet fauliger Geruch ohne AFB-Symptome?

DAS PROBLEM

Das Krankheitsbild des sogenannten Parasitischen Milben-Syndroms (PMS) gleicht der Bösartigen Faulbrut, allerdings ohne den fauligen Geruch und die öligen Zelldeckel. Die Infektion tritt auf, wenn ein großes Bienenvolk massenhaft von Varroa-Milben befallen ist.

DIE LÖSUNG

Das Parasitische Milben-Syndrom (PMS) ist eine von Varroa-Milben übertragene Viruserkrankung. Bienen wurden seit jeher mit Viren infiziert, aber mit der Varroa-Milbe als Überträger haben Viruserkrankungen stark zugenommen. Da die Milben die Widerstandskraft der Bienen gegenüber den Viren schwächen, haben sie das evolutionäre Gleichgewicht zwischen Honigbienen und Viren zugunsten der Viren verschoben. Die Viren richten inzwischen größere Schäden an als die Milben. Ein Bienenvolk, das unter PMS leidet, ist zum Sterben verurteilt.

Der einzige Weg aus dem Dilemma ist eine frühzeitige Bekämpfung der Varroa-Milben. Nur wenn das Volk regelmäßig und systematisch auf Varroa-Befall untersucht und behandelt wird, lässt sich auch das PMS eindämmen. Keines der Mittel gegen die Varroose löscht jedoch die Milben vollständig aus.

Imker sollten daher regelmäßig die Milben-Population kontrollieren – entweder mit klebrigen Gittern im Boden, Gitterwannen oder dem Bestäuben der Bienen mit Puderzucker, wodurch die Milben den Halt auf der Biene verlieren und sich leicht abschütteln und zählen lassen (siehe dazu auch Problem 62). Es gibt keinen allgemeinen Schwellenwert, ab dem eine Behandlung erforderlich wird. Ab 10 Milben täglich am Beutenboden sollte unbedingt die Sommerbehandlung erfolgen, die Winterbehandlung ist schon ab 1 Milbe täglich geboten.

✱ *Die Symptome des PMS sind jenen der Bösartigen Faulbrut verblüffend ähnlich: Erwachsene Bienen sind stark mit Varroa-Milben befallen, die Bienen kriechen umher, das Flugbrett ist unsauber und die Brutwaben nur lückenhaft belegt. Dagegen fehlen die fadenziehende Masse und der harte Schorf in den Larvenzellen. Außerdem riecht der Stock nicht. Vor allem der Geruch und der harte Schorf sind gute Hinweise auf die Bösartige Faulbrut. Während die Waben nach Bösartiger Faulbrut entsorgt werden müssen, können sie nach PMS wiederverwendet werden.*

Krankheiten und Schädlinge • 141

66 Wie wirkt sich Kalkbrut auf die Produktivität aus?

DAS PROBLEM
Kalkbrut *(Ascosphaeriose)* ist eine weltweit verbreitete Pilzkrankheit, die durch *Ascosphaera apis* verursacht wird und zu schweren Schäden an Bienenvölkern führen kann.

DIE LÖSUNG
Die Pilzkrankheit befällt die Brut. Die Maden sterben ab und erstarren, vom weißlichen Pilz überwuchert, zu den typischen Mumien. Bei starkem Befall nimmt die Zahl der erwachsenen Bienen rapide ab und die Produktivität des Bienenvolkes sinkt drastisch. Ein Teufelskreislauf entsteht.

Die widerstandsfähigen Sporen des Kalkbrut-Pilzes werden von Bienen übertragen, die andere Völker überfallen, oder verbreiten sich über Imkerwerkzeuge, Rähmchen und Waben von Stock zu Stock. Sie sind praktisch allgegenwärtig und keimen aus, sobald sie geeignete Bedingungen vorfinden, vor allem Feuchtigkeit.

Vorbeugend kann der Imker die Verbreitung der Sporen einschränken: Desinfizieren Sie alle Werkzeuge, auch den Smoker. Untersuchen Sie infizierte Beuten ohne Handschuhe und waschen Sie sich anschließend gründlich die Hände. Achten Sie beim Austausch der Rähmchen darauf, dass keine frischen Sporen auf andere Magazine in der Nähe übertragen werden. Ein trockener, windgeschützter und möglichst sonniger Standort und ein gut belüftetes Magazin können ebenfalls einem Ausbruch vorbeugen.

Eine gängige Behandlungsmethode ist eine neue Königin für das befallene Bienenvolk. Bis sie das Volk mit neuer Brut versorgt, entfernen die Arbeiterinnen die Überreste der erkrankten Bienen aus dem Stock. Außerdem könnte eine neue Königin dem Bienenvolk mit ihren Genen bessere Eigenschaften wie einen ausgeprägten Putztrieb mitgeben. Hygiene ist besonders wichtig: Heruntergefallene Mumien sollten täglich entfernt werden. Eine Reizfütterung kann auch den Putztrieb der Bienen stimulieren.

MUMIFIZIERT

Wie der Name bereits andeutet, wird nur die Brut von der Kalkbrut befallen. Die Ammenbienen verteilen die Sporen über das Futter und die infizierten Maden sterben in ihren verdeckelten Zellen. Wenn die Ammen sie entfernen, sehen sie zunächst weiß und flaumig aus, trocknen dann aber zu harten »Mumien« aus. Wenn sich die Pilzsporen bilden, werden sie dunkler. Schüttelt man eine Wabe mit befallenen Maden, hört man ein klapperndes Geräusch.

❋ *Die toten, harten Maden sammeln sich vor dem Stock an und liegen im Magazin in großer Zahl auf dem Boden. Jede dieser dunklen, harten Mumien ist übersät mit unzähligen Sporen und muss entfernt werden.*

67 Wie verhalte ich mich bei einem Wespenangriff?

DAS PROBLEM

Für Wespen sind tote oder sterbende Bienen eine verlockende Futterquelle. Das »einladende« Design der Magazinböden mit gut sichtbarem Flugloch und Anflugbrett erhöht die Wahrscheinlichkeit von Angriffen.

DIE LÖSUNG

Die meisten Imker sehen es zwar nicht gerne, wenn Wespen (Vespula-Arten) ihre Bienen vor dem Stock belästigen, aber im Vergleich mit anderen Krankheiten und Schädlingen sind Wespen eher harmlos. Wespen sind bis in den Herbst hinein aktiv. Oft bedienen sie sich am Eingang nur an den toten oder sterbenden Bienen als proteinreiche Futterquelle für ihre eigene Brut.

Ein größeres Problem sind räuberische Wespen, die auf der Suche nach Nahrung in den Bienenstock eindringen. Das geschieht meist ab dem Hochsommer, wenn die Wespenpopulation ansteigt. Die Eindringlinge werden zwar sofort von Arbeiterinnen angegriffen, aber ein schwaches oder kleines Volk, beispielsweise ein Ableger, hat oft große Schwierigkeiten, solche Angriffe abzuwehren. Die Wespen fressen nicht nur die toten, erwachsenen Bienen, sondern räumen die Honigvorräte aus und stören das Volk, das sich auf den Winter vorbereitet, massiv und zur ungünstigsten Zeit. Hier kann der Imker nur helfen, indem er das Magazin an einer anderen Stelle aufstellt oder das Flugloch verkleinert.

Auch Hornissen *(Vespa crabro)* fressen Bienen und räubern die Vorräte, sind aber im Vergleich mit anderen Krankheiten und Schädlingen momentan von geringerer Bedeutung. Die südostasiatische Hornisse *(Vespa velutina nigrithorax)* könnte allerdings zum Problem werden: Sie ist über die Iberische Halbinsel nach Europa eingewandert und dringt immer weiter nach Norden vor (erste Sichtungen in Süddeutschland). Sie greift Sammlerinnen an, die mit Pollen in den Bienenstock zurückkehren.

Warum sehen die Larven blass und deformiert aus?

DAS PROBLEM
Deformierte Larven, lückenhaft bestiftete Brutwaben und ein saurer Geruch sind Anzeichen für die Europäische Faulbrut (EFB). Sie wird durch das Bakterium *Melissococcus plutonius* verursacht.

DIE LÖSUNG
Die Europäische Faulbrut, auch als Gutartige Faulbrut oder Sauerbrut benannt, ist im Unterschied zur Bösartigen (Amerikanischen) Faulbrut nicht anzeigepflichtig, da sie zwar ansteckend ist, aber nicht seuchenartig auftritt. Dennoch ist sie eine ernstzunehmende Erkrankung, denn ein stark befallenes Volk hat durch den enormen Brutausfall kaum Überlebenschancen. Neben dem Bakterium *Melissococcus plutonius*, dem sogenannten Primär- oder Haupterreger, sind weitere Bakterienarten beteiligt (Sekundärerreger), weshalb die Symptome von Fall zu Fall variieren können.

Befallen werden die jungen Rundmaden in ihren unverdeckelten Zellen. Die Symptome der EFB sind ein säuerlicher Geruch und gelblich bis bräunlich verfärbte Maden. Die toten Maden liegen schlaff und aufgedunsen am Boden der Zelle, später lösen sie sich zu einer dunkelbraunen, breiigen und säuerlich riechenden Masse auf. Im Unterschied zur Amerikanischen Faulbrut zieht die Masse in den befallenen Zellen meist keine Fäden.

Bei einem Befall wird der Stock meist abgebaut und das Volk vernichtet. Da die EFB nur die Brut betrifft, versuchen manche Imker, nur den Infektionsherd zu beseitigen, indem sie alle Bienen von den infizierten Waben abklopfen und diese vernichten. Solche Sanierungsversuche sind jedoch selten erfolgreich. Wirksamer ist die Behandlung aller Teile der Beute mit Hitze (78 °C tötet den Erreger ab), heißer Lauge oder Säure. Auch Wachs und Propolis müssen rückstandsfrei entfernt werden.

69 Was kann ich bei AFB für meine Bienen tun?

DAS PROBLEM
Säuerlich-fauler, knochenleimartiger Geruch und löchrige Deckel in den Brutwaben sind charakteristische Symptome für die Bösartige (Amerikanische) Faulbrut. Der Erreger ist das Bakterium *Paenibacillus larvae* (syn.: *Bacillus larvae)*, dessen Sporen Jahrzehnte überlebensfähig bleiben.

DIE LÖSUNG
Die Bösartige oder Amerikanische Faulbrut (AFB) wird zu Recht von allen Imkern gefürchtet und ist in Deutschland eine anzeigepflichtige Tierseuche. Die Behandlung bestimmt der zuständige Amtstierarzt. Hat sich das Bakterium erst in den Brutzellen eingenistet, ist das Bienenvolk kaum noch zu retten. Ist die Gefahr der Ausbreitung sehr hoch, muss der Bienenstock mitsamt den Bienen vernichtet werden, um eine Verbreitung durch Flugbienen zu verhindern. Zu diesem Zweck können temporär auch Sperrgebiete eingerichtet werden.

Im Unterschied zur Europäischen Faulbrut (EFB) werden bei der AFB die älteren Maden in den bereits mit einem Wachsdeckel verschlossenen Zellen befallen. Neben dem säuerlichen Geruch und den löchrigen Deckeln ist die Veränderung der Brutzellen ein sicheres Anzeichen für die Krankheit: Sie sind dunkler als nicht befallene Zellen und unter den eingefallenen Deckeln haben sich die Larven in klebrigen Schleim verwandelt, der sich mit einem Streichholz zu 10–30 cm langen, braunen Fäden – ein eindeutiges Symptom – ausziehen lässt.

Vorbeugend sollten Sie niemals Bienen ohne amtstierärztliche Seuchenfreiheitsbescheinigung zukaufen und auch nur von vertrauenswürdigen Händlern Material oder gebrauchte Bauteile erwerben. Gebrauchte Beuten und Geräte sollten grundsätzlich vor dem ersten Einsatz desinfiziert werden.

✤ *Im ultravioletten Licht zeigen sich die Rückstände der abgestorbenen Larven in den Brutzellen. Falls die Krankheit nicht erkannt wurde, könnte diese Wabe auch noch nach Jahren eine erneute Infektion hervorrufen. Fragen Sie beim Kauf gebrauchter Teile unbedingt nach deren Vorgeschichte.*

EIN ZWEISCHNEIDIGES SCHWERT

In den USA und Frankreich wurden Versuche mit Antibiotika, die in Deutschland jedoch verboten sind, unternommen, um infizierte Bienenvölker zu retten. Dennoch bleibt die komplette Vernichtung von Ausrüstung und Bienen das Mittel der Wahl, denn Antibiotika töten auch die gutartige bakterielle Darmflora der Bienen ab und mindern deren Widerstandskraft gegen andere Krankheiten.

70 Wie halte ich Wachsmotten von den Waben fern?

DAS PROBLEM

Die Große *(Galleria mellonella)* und die Kleine Wachsmotte *(Achroia grisella)* richten in den Waben großen Schaden an. Die Raupen dieser Nachtschmetterlinge fressen auf der Suche nach den proteinhaltigen Pollen und Puppen Gänge durch die Waben, vorwiegend durch Brutwaben. Beide Mottenarten hinterlassen ein Gespinst aus Seidenfäden und tote Brut.

DIE LÖSUNG

Für die Raupen der Wachsmotten sind die Waben, die ein Imker für das nächste Jahr in einer Zarge oder einem Wabenschrank lagert, eine ergiebige Futterquelle. Sie richten Schäden an, die sich häufig nicht mehr beheben lassen.

Hängen Sie Waben mit wenigen Raupen in den Stock eines starken Bienenvolkes. Die Stockbienen entfernen die Schädlinge. Zerquetschen Sie bei der Inspektion eines Magazins alle sichtbaren Raupen und achten Sie auf Hygiene im Bienenstock. Lassen Sie alte Magazine nicht offen herumstehen und entfernen Sie die Reste abgestorbener Bienenvölker.

Bei starkem Befall sollten Sie die Waben verbrennen. Auch eine Behandlung mit B401® (ein Präparat mit dem Bakterium *Bacillus thuringiensis*) ist wirkungsvoll. Sie können die Ausrüstung auch 48 Stunden tiefkühlen. Danach können Sie die Waben einlagern.

Größere Wabenvorräte werden mit 80%igen Essigdämpfen behandelt. Sie beseitigen nicht nur Wachsmotten, sondern auch Nosema und Kalkbrut. Gießen Sie den Essig auf ein Saugkissen in einem Teller. Stapeln Sie die Zargen darüber und stellen Sie weitere Saugkissen dazu. Verschließen Sie den Stapel oben und unten und dichten Sie alle Fugen mit Klebeband ab. Nach einer Woche wird der Zargenstapel geöffnet und für mindestens zwei Tage gelüftet. Essigsäure ist ätzend! Tragen Sie Handschuhe und befolgen Sie die Packungsanweisungen.

DAS SCHADBILD

Wenn sich die Raupen der Wachsmotte durch eine Wabe fressen, stoßen ihre Gänge auch auf Brutzellen. Auch wenn die Bienen dabei nicht direkt getötet werden, können sie sich nicht aus dem Gespinst befreien. Wenn sie den Deckel ihrer Zelle öffnen, bleiben sie in der Wabe gefangen. Dieses Phänomen tritt allerdings nur in schwachen oder kranken Bienenvölkern auf.

✽ *Die Raupen der Wachsmotte haben Fraßgänge und Seidenfäden hinterlassen und die Wabe unbrauchbar gemacht. In der Beute eines starken Volkes hätten die Stockbienen Wachs und Seidenfäden entfernt, die Wabe neu gebaut und die Kokons mit Propolis überzogen.*

7. KAPITEL
BIENEN UND PFLANZEN

Zwischen Bienen und blühenden Pflanzen besteht eine enge wechselseitige Beziehung. Viele Ökosysteme der Erde sind auf die überlebenswichtige Bestäubung durch Bienen und andere Insekten angewiesen. Die Pflanzen wiederum »revanchieren« sich mit Pollen und Nektar. Die wachsende Weltbevölkerung braucht mehr Nahrungsmittel, die nur eine sich ständig verändernde Landwirtschaft produzieren kann. Damit werden Honigbienen mehr und mehr auch in Ökosystemen gebraucht, an die sie nicht angepasst sind.

Um die moderne Landwirtschaft mit der Bestäubung der Nutzpflanzen zu unterstützen, sind auch die Imker gezwungen, neue Methoden zur Vermehrung und Unterhaltung ihrer Bienenvölker zu finden. Aus landwirtschaftlicher Sicht sorgen die Bienen für effizientere Nahrungsmittelproduktion. Für Bienen und Pflanzen hingegen geht es einzig um die Beschaffung von Futter bzw. die Übertragung von Pollen.

In diesem Kapitel werden praktische Probleme in der Zusammenarbeit von professionellen Imkern und Landwirten angesprochen. Wie werden landwirtschaftliche Nutzflächen gezielt bestäubt, und wie wird ausreichend Pollen gesammelt und gelagert? Andere befassen sich mit Schwierigkeiten, die auch den Hobbyimker betreffen: Wie vermeidet man, dass Unkräuter bestäubt werden, und wie steht es um die immer stärker abnehmenden natürlichen Futterquellen?

71 Wie reagiere ich auf zu viele Pollenzellen im Brutnest?

DAS PROBLEM
Ein starkes Bienenvolk lagert überzähligen Pollen in Zellen um das Brutnest ab (»Pollenkranz«). Steht dieser Platz jedoch nicht zur Verfügung, wird der wertvolle Pollen auch in Zellen im Brutnest selbst eingelagert.

DIE LÖSUNG

Pollenüberschuss ist ein jahreszeitliches Problem, das unabhängig vom Zustand des Bienenvolkes auftritt. Der Pollenfluss ist abhängig vom Wetter und dauert manchmal nur wenige Tage. Sammlerinnen, die Pollen entdecken, tragen so viel wie möglich davon in den Stock. Falls das Brutnest des Volkes dicht besetzt ist, wandeln die Bienen Zellen der Brutwaben in Speicherzellen für Nektar und Pollen um. Wenn schließlich kein Platz mehr für neue Brutzellen bleibt, kann es passieren, dass das Volk zu schwärmen beginnt, falls der Imker nicht eingreift.

Achten Sie auf ein ausgewogenes Verhältnis der Zellen im zentral gelegenen Brutnest in der Brutraumzarge: Die Zellen mit der Brut in den mittleren Bruträhmchen sollten von einem Kranz aus Pollenzellen umgeben sein. Hinzu kommen Honigzellen im oberen und unteren Abschnitt sowie in den Ecken der Wabe. Überprüfen Sie in Zeiten hohen Nektar- und Pollenangebots, wie viele der Zellen mit Honig oder Pollen gefüllt sind. Ein erfahrener Imker weiß, wann ein starker Nektarfluss zu erwarten ist und er dem Bienenvolk zusätzliche, leere Brutwaben anbieten muss.

Als Alternative können Sie mit Pollen gefüllte Waben entnehmen und einfrieren. In Zeiten der Pollenknappheit werden sie zurück in die Beute gehängt. Königinnenzüchter behelfen sich mit diesem Trick, um widerstandsfähige Königinnen zu züchten. Benutzen Sie Pollenfallen aus dem Handel, um Pollen für die spätere Jahreszeit zu sammeln, oder halten Sie Honig aus starken Bienenvölkern als Vorrat für Ableger zurück. Verschwenden Sie nichts!

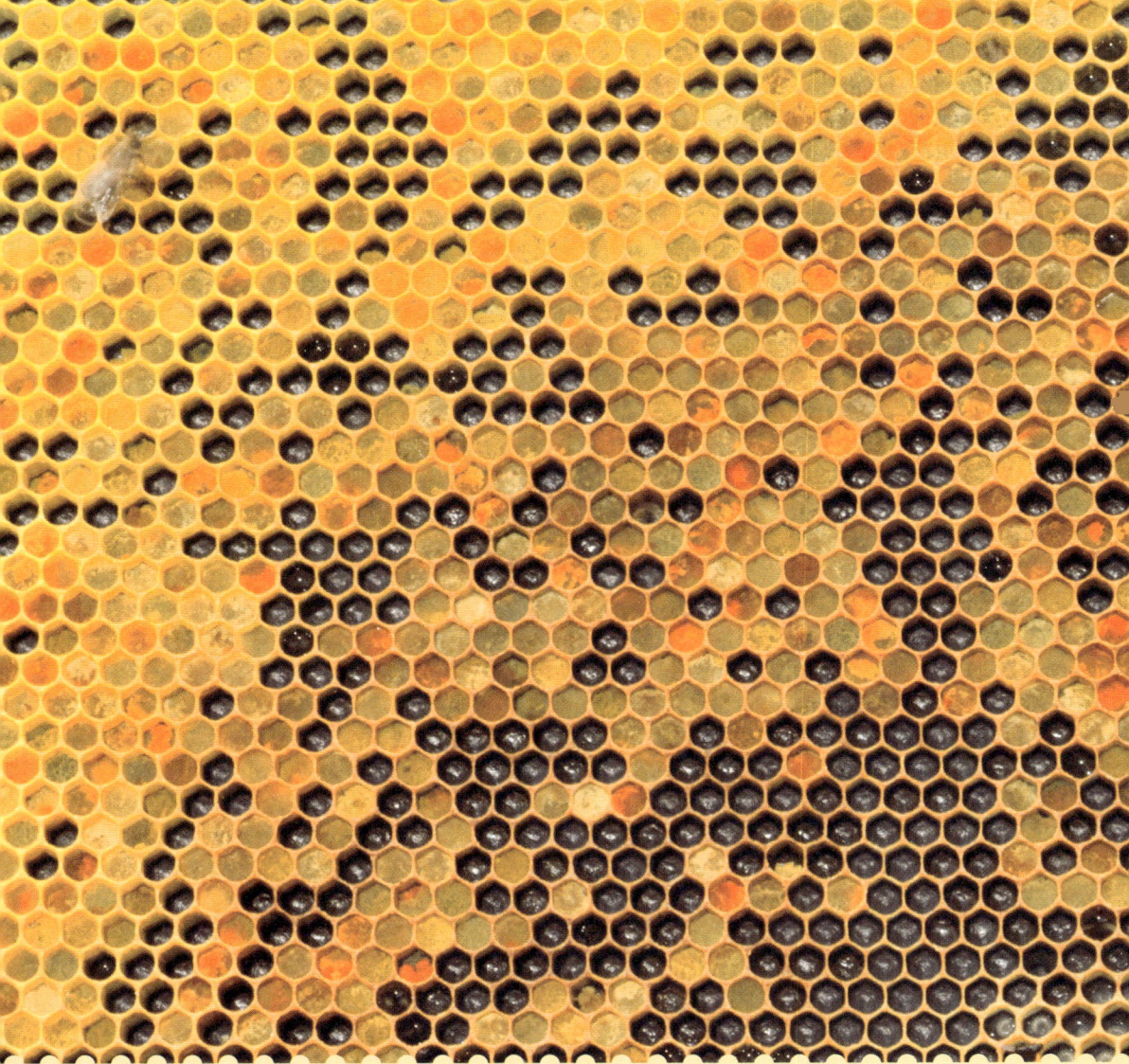

SAMMELN UND BESTÄUBEN

Nicht jeder Pollen enthält gleich viel Protein. Bei Pflanzen, die die Bienen als Bestäuber brauchen, ist er besonders reichhaltig. Pollen sind nicht so lange haltbar wie Honig, für die Bienen aber sehr wichtig. Wenn der Vorrat im Pollenkranz um die Brutzellen verbraucht ist, sollte der Imker rechtzeitig ein proteinreiches Ersatzfutter zufüttern.

❋ *Die Bereitschaft zum Einlagern von Pollen ist nicht bei allen Bienen gleich ausgeprägt. Genetische Untersuchungen haben gezeigt, dass manche Bienenstämme so viel Pollen einlagern, dass kaum noch Raum für Brutzellen bleibt. In dieser Wabe (Foto) enthalten nur die Zellen unten rechts Bienenbrut.*

72 Darf ich im Schrebergarten imkern?

DAS PROBLEM
Bienen können zwar in Schreber- und Kleingärten als fleißige Bestäuber für höhere Qualität und bessere Erträge sorgen. Trotzdem erlauben nicht alle Schrebergartenvereine das Imkern.

DIE LÖSUNG
Das Kleingartengesetz in Deutschland regelt die Haltung von Bienen nicht grundsätzlich, sondern überlässt es den Kleingarten- bzw. Schrebergartenvereinen, eine eigene Regelung zu treffen. Sofern deren Satzung die Haltung von Bienen nicht ohnehin verbietet, muss der zukünftige Imker die Vereinsmitglieder davon überzeugen, dass er Gesundheits- und Sicherheitsstandards einhält.

Daher sollte nur ein erfahrener Imker, der mit allen Aspekten der Bienenhaltung, vor allem auch dem Umgang mit Schwärmen, vertraut ist, sich dieser Aufgabe stellen und auf freundliche und gesunde Bienenvölker achten. Denn die Arbeiten am Bienenstock, die meist an warmen, sonnigen Tagen verrichtet werden, fallen mit den Zeiten zusammen, an denen sich auch andere Schrebergärtner auf ihren Parzellen aufhalten. Kontrollieren Sie Ihren Bienenstand regelmäßig und greifen Sie bei Problemen sofort ein. Hinterlassen Sie Ihre Telefonnummer, damit man Sie über schwärmende Bienen oder andere Notfälle sofort informieren kann.

Bringen Sie gut sichtbar eine laminierte Anleitung an Ihrem Gartenzaun an, wie sich Betroffene bei Bienenstichen verhalten sollen, und informieren Sie sich im Vorfeld, ob einer der Schrebergärtner allergisch auf Bienenstiche reagiert.

Wählen Sie den Ort für das Magazin mit Bedacht. Ideal ist ein ungenutztes Stück der Parzelle hinter einer 2 m hohen Hecke. Sie zwingt die Bienen, beim Verlassen des Stocks hoch aufzusteigen. Schützen Sie den Bienenstock vor Diebstahl und Vandalismus und schließen Sie eine Haftpflichtversicherung ab.

73 Wie verhindere ich, dass Bienen Unkräuter bestäuben?

DAS PROBLEM

Bienen machen keinen Unterschied zwischen »guten« Pflanzen und »Unkräutern«. Wenn die Blüte mit Nektar oder Pollen lockt und für Bienen zugänglich ist, bedienen sie sich auch bei Arten, die Menschen für schädlich und invasiv halten.

DIE LÖSUNG

Imker können nicht verhindern, dass ihre Bienen bei der Nektarsuche auch unerwünschte Unkräuter bestäuben, denn für die Biene ist jede Pflanze mit geeignetem Nektar und Pollen eine gute Trachtpflanze. Gleichzeitig wird das Nahrungsangebot für Bienen zunehmend knapper. Weder Imker noch Biene können also, was die Wahl der Trachtpflanzen betrifft, wählerisch sein. Der Imker kann lediglich versuchen, besonders invasive Pflanzen nicht bewusst anzusiedeln und zu verbreiten und durch die Anlage von Bienenweiden die Versorgung zu verbessern.

Eingeführte Arten wie das Drüsige Springkraut *(Impatiens glandulifera)* oder Spanisches Hasenglöckchen *(Hyacinthoides hispanica)* sind hervorragende Honig- und Pollenlieferanten, breiten sich aber unerwünscht und stark in heimischen Ökosystemen aus. Jakobs-Kreuzkraut *(Senecio jacobaea)* ist dagegen nicht nur ein lästig produktiver Einwanderer mit ungewissen Langzeitfolgen für unser Ökosystem, der Honig aus dem Nektar ist für Menschen darüber hinaus ungenießbar. Imker setzen sich deshalb seit Längerem für ein Melde- und Bekämpfungsgebot ein.

In der Fachliteratur und in Imkervereinen kann sich ein Neuimker darüber informieren, welche Blüten zu welchen Zeiten gerade Nektar und Pollen anbieten – die sogenannte Tracht. Natürlich profitieren Bienen und Imker auch vom Angebot unerwünschter, fremder Pflanzenarten, aber ein verantwortungsvoller Imker sollte wissen, zu welchen Zeiten Pflanzen blühen, die im Ökosystem Schaden anrichten.

74 Wie verhindere ich, dass gesammelter Pollen verdirbt?

DAS PROBLEM

Zusammen mit dem Pollen tragen Honigbienen auch Bakterien und Pilzsporen in die Kolonie. Pollen, der nicht in Pollenwaben gelagert wird, kann bei hoher Luftfeuchtigkeit verschimmeln. Darunter leiden vor allem schwache Bienenvölker. Auch Pollen, den ein Imker in Pollenfallen gesammelt hat, ist anfällig für Pilze.

DIE LÖSUNG

Beim Pollensammeln feuchten die Bienen die Pollenkörner mit ausgewürgtem Nektar oder Honig an. Wenn sie sich in der Blüte bewegen, bleibt der Pollen auf ihrem Körper haften, wird mit den Beinen abgestreift (»gehöselt«) und in kleinen Klümpchen als »Höschen« an den Beinen befestigt. Im Bienenstock stopfen die Bienen den Pollen zusammen mit Honig als »Bienenbrot« in eine Pollenzelle. Dieser Pollen ist geschützt vor Schimmelpilzen und bakteriellem Zerfall.

Die Pollenklümpchen, die der Imker beim Einfliegen der Bienen in einer Pollenfalle sammelt, sind je nach Blütenart unterschiedlich gefärbt und noch feucht. Sie werden von Schmutzteilchen befreit und unter einer Heizlampe oder im Ofen getrocknet. Vollständig getrockneter Pollen ist relativ hart und kann in einem Gefrierschrank über längere Zeit gelagert werden – ideal sind kleine Gefrierbeutel mit einem halben Liter Inhalt. In einem größeren Beutel können sich die Bakterien noch vermehren und den Pollen abbauen, es sei denn der Pollen wird bei sehr niedrigen Temperaturen gelagert. Selbst wenn nur eine kurzfristige Zwischenlagerung geplant ist, sollte Pollen eingefroren werden, um die Eier der Wachsmotte zu töten. Pollen, der nach dem Trocknen und Einfrieren verwendet wird, gehört in Behälter, die unzugänglich für Wachsmotten sind.

SUPERFOOD DER BIENEN

Die gesammelten Pollenklümpchen wandern als Futter für die Brut zurück in den Bienenstock. Schon ein kleiner Anteil natürlicher Pollen macht ein kommerzielles Proteinfutter attraktiver für die Bienen. Verfüttern Sie nur selbst gesammelten Pollen an die eigenen Bienen, um die Ausbreitung von Krankheiten zu verhindern.

❋ *Manche Imker haben sich auf das Sammeln von Pollen spezialisiert. Die Fachgeschäfte für Imkereibedarf bieten zu diesem Zweck Pollenfallen an. Pollenklümpchen von guter Qualität werden als gesundes Naturprodukt in Reformhäusern und Bioläden angeboten.*

75 Wie vermeide ich ungleich starke Bienenvölker?

DAS PROBLEM

Je nach Legeleistung der Königin wachsen manche Bienenvölker stärker als andere. Das kann ein Problem für professionelle Imker sein, die ihre Bienenstöcke zur Bestäubung von Nutzpflanzen ausleihen oder vermieten. Hobbyimker hoffen eher, dass gleich große Bienenvölker an unterschiedlichen Standorten gleichen Honigertrag liefern.

DIE LÖSUNG

Im Unterschied zu einigen anderen Ländern wird in Deutschland die kommerzielle Vermietung von Bienenvölkern an Landwirte (meist Obstbauern) eher auf regionaler Ebene und selten in großem Maßstab betrieben. Speziell für diesen Zweck vorgesehene Bienenvölker sollten etwa gleich stark und in Magazinen desselben Typs in derselben Größe untergebracht sein. Am besten eignen sich Magazine mit leichten Böden und einfachen, flachen Hauben.

Beweiseln Sie diese Völker alle zur gleichen Zeit und tauschen Sie die Königinnen auch gleichzeitig wieder aus. Das ist auch für ortsfeste Bienenstöcke die beste Lösung. Vor Beginn der Trachtzeit, wenn die Blüten mit Nektar und Pollen locken, sollten die Völker und ihre Brut etwa gleich groß sein.

Füttern Sie die Bienenvölker ausreichend mit Zuckersirup und Proteinfutter und führen Sie regelmäßig Behandlungen gegen Varroa-Milben durch. Sofern es sich nicht um eine wechselseitige Gefälligkeit handelt, verpflichtet sich der Imker durch den Vertrag mit dem Obstbauern, »fleißige« Bienenvölker bereitzustellen, die ihrer Aufgabe gewachsen sind. Achten Sie vor allem beim Austausch von Waben zwischen den Beuten peinlich genau auf Hygiene, damit sich keine Krankheiten ausbreiten.

✺ *Diese Langstroth-Beuten hat ein amerikanischer Imker bereitgestellt und auf dem Hänger des Bauern an den Ort gebracht, wo die Bienen zur Bestäubung gebraucht werden.*

BESTÄUBUNG AUF ABRUF

Kommerziell arbeitende Imker müssen auf Abruf auch unwegsame Standorte anfahren können. Da Bauern bestimmte Spritzzeiten einhalten müssen, fordern sie die Bienen meist sehr kurzfristig an. Der Imker muss daraufhin seine Bienenstöcke sofort an Ort und Stelle bringen, auch bei schlechtem Wetter.

76 Wie bestäube ich mit Bienen gezielt eine Fläche?

DAS PROBLEM
Nachdem die Sammlerinnen die Nutzpflanzen angeflogen und bestäubt haben, fliegen sie weiter, um nach zusätzlichen Nektar- und Pollenquellen zu suchen.

DIE LÖSUNG
Wenn der Landwirt einen Imker für die Bestäubung seiner Nutzpflanzen bezahlt, hat er ein Recht auf die Erfüllung des Vertrages, vor allem wenn die Nutzpflanzen nur kurze Zeit blühen. Der Landwirt wünscht sich eine intensive Bestäubung seiner Fläche, damit die Pflanzen viele Früchte tragen. Die Bienen haben jedoch andere Ziele. Gewöhnlich teilen sich die Sammlerinnen auf. Ein Teil des Bienenvolkes besucht die Nutzpflanzen, ein anderer Teil schwärmt weiter aus und sucht nach neuen Trachtpflanzen, um quasi für die Zukunft vorzusorgen. Dabei konkurrieren die Sammlerinnen nicht nur mit den Bienen aus dem eigenen Stock, sondern auch mit anderen Bienenvölkern und Insekten. Es kann vorkommen, dass auf einem großen Feld nur die Pflanzen am Rand der Fläche, nicht aber die in der Mitte bestäubt werden.

Stellen Sie die Magazine daher möglichst in die Mitte des zu bestäubenden Feldes oder der Obstbaumplantage auf, um dieses natürliche Verhalten der Bienen zu unterlaufen. Während der Bestäubungsphase sollten die Bienen möglichst ungestört bleiben. Informieren Sie aus diesem Grund den Landwirt, dass er Störungen durch Feldarbeiten, wie etwa die Installation von Bewässerungsanlagen, so gering wie möglich hält.

❋ Sobald die ersten Blüten verwelken, wird das Zeitfenster für die Bestäubung eng. Damit der Landwirt später eine reichhaltige und qualitativ hochwertige Ernte einfahren kann, müssen die Bienen früh genug eingesetzt werden. Die abgebildete Gurke ist das Produkt einer unzureichenden Bestäubung und unverkäuflich. Es ist für jeden Landwirt eine Herausforderung, die richtige Menge an Bestäubern zur richtigen Zeit auf seine Felder zu locken.

77 Wie sorge ich für ausreichende Pollenvorräte?

DAS PROBLEM

Nicht jedes Bienenvolk gibt sich mit Pollenersatzfutter zufrieden. Ein Volk versucht stets, einen möglichst großen Pollenvorrat anzulegen, den es zwischen Herbst und Frühling verbraucht. Reichen die Pollenvorräte nicht aus, wird zu wenig Brut aufgezogen.

DIE LÖSUNG

Bienen brauchen das Protein aus den Pollen für die Aufzucht der Brut. Zwischen Januar und Mai, wenn die neuen Sammlerinnen, und im August, wenn die langlebigen Winterbienen aufgezogen werden, nimmt der Pollenbedarf deutlich zu. Da nur wenige Pollen alle nötigen Aminosäuren liefern können, sind die Bienen auf eine gute Mischung angewiesen.

Kultivieren Sie unterschiedliche Pflanzenarten, um die gesamte Saison über genügend Pollen zur Einlagerung anzubieten. Legen Sie keinen Ziergarten, sondern einen naturnahen Garten mit Bäumen und Sträuchern an.

Pollenlieferanten unter den Zwiebel- und Knollenpflanzen sind Blauglöckchen *(Hyacinthoides)*, Krokusse *(Crocus)*, Schachblumen *(Fritillaria)*, Traubenhyazinthen *(Muscari)*, Hyazinthen *(Hyacinthus)*, Schneeglöckchen *(Galanthus nivalis)*, Tulpen *(Tulipa)*, Buschwindröschen *(Anemone blanda)* und Winterling *(Eranthis hyemalis)*.

Geißblatt *(Lonicera)* liefert sehr früh im Jahr Pollen. Das gilt auch für einige Bäume und Sträucher wie Erle *(Alnus glutinosa)*, Weißdorn *(Crataegus monogyna)*, Haselnuss *(Coryllus avellana)*, Rosskastanie *(Aesculus hippocastanum)*, Weide *(Salix)*, Apfelbaum *(Malus)*, Birke *(Betula)* sowie Pflaumen und Kirschen *(Prunus)*.

Später im Jahr blühen: nicht gefüllte Dahlien *(Dahlia)*, Chrysanthemen *(Chrysanthemum)*, Goldrute *(Solidago virgaurea)*, Efeu *(Hedera helix)*, Herbstzeitlose *(Colchicum autumnale)* und nicht gefüllte Ringelblumen *(Calendula officinalis)*.

❋ *Bienen reagieren instinktiv auf natürliche Pflanzengifte. Die Arbeiterinnen in diesem Bienenstock haben aus unbekannten Gründen etwa sieben Pollenzellen mit Propolis und Wachs verdeckelt. Wenn man die Zellen öffnet, enthalten sie eine ölige, dunkelrote Pollenmasse, die die Bienen weder verbrauchen noch aus dem Stock entfernen wollten. Bienen lehnen offenbar bestimmte Pollensorten ab, obwohl sie dem Imker für die Fütterung der Brut geeignet scheinen.*

78 Warum lehnen meine Bienen das Pollenersatzfutter ab?

DAS PROBLEM

Für eine Biene ist Futter kein wirklicher Ersatz für natürlichen Pollen. Der angebotene Ersatz für eigene Pollenvorräte enthält zwar alle notwendigen Nährstoffe, um den Proteinbedarf der Bienen zu decken, mehr aber auch nicht. Während einer guten Pollentracht sind die Sammlerinnen noch weniger bereit, auf Ersatzfutter zurückzugreifen.

DIE LÖSUNG

Ein Bienenvolk, das abwechslungsreiche, natürliche Pollenquellen ausbeutet, ist nicht auf künstliches Futter angewiesen. Obwohl heute Pollenersatzfutter mit unterschiedlicher Nährstoffzusammensetzung im Handel ist, wird es nicht jederzeit und von jedem Volk angenommen. So kommt es vor, dass ein bestimmtes Volk das Futter je nach Jahreszeit mehr oder weniger intensiv nutzt.

Sie können Bienen aber dazu bewegen, das Futter anzunehmen: Bieten Sie es in der Mitte des Brutnestes an. Die Bienen entfernen es als Fremdkörper aus dem Brutnest und fressen dabei zwangsläufig einen Teil des Futters auf. Der Rest wird entsorgt.

Mischen Sie natürlichen Pollen unter das Ersatzfutter, damit die Bienen es besser annehmen. Um die Ausbreitung von Krankheiten zu verhindern, sollten Sie nur selbst gesammelten Pollen aus Pollenfallen verwenden.

Kommerzielles Ersatzfutter wird als Teig angeboten oder zum Zuckersirup gemischt. Manche Produkte enthalten auch Spurenelemente, Mineralien und Salze. Sie sind nicht unbedingt erforderlich, schaden aber auch nichts.

❋ *In Zeiten guten Pollenflusses nehmen Bienen nur ungern Pollenersatzfutter an.*

79 Wie vermeide ich Bienenverluste beim Umsetzen?

DAS PROBLEM

Bei warmem Wetter nimmt die Aktivität der Bienen zu. An einem sonnigen Tagen sind viele Sammlerinnen ausgeflogen. Wenn Sie nun das Magazin an einem anderen Standort aufstellen, finden diese Bienen nicht mehr zurück in den Stock und sind verloren. Auch während des Transportes fliegen Bienen aus, wenn das Magazin nicht verschlossen oder mit einem Netz gesichert wird.

DIE LÖSUNG

Um die Sammlerinnen nicht zu verlieren, werden Magazine nicht am Tag an einem Standort mit besseren Pollenquellen aufgestellt, sondern außerhalb der Flugzeit, also in der Dämmerung oder nachts, wenn alle Bienen im Stock sind.

Bereiten Sie am Tag alles vor. Während des Transports muss die Beute, vor allem bei warmem Wetter, gut belüftet werden, damit die Bienen nicht an Überhitzung sterben. Setzen Sie einen Gitterboden ein oder tauschen Sie in Magazinen mit festem Boden den Innendeckel gegen Abdeckgaze oder Gitterfolie aus, damit der Stock besser belüftet wird. Sichern Sie die Magazine mit Wandergurten aus dem Fachhandel, verschließen Sie offene Fugen zwischen den Zargen mit Klebeband und das Flugloch mit Schaumstoff.

Wenn Sie allein arbeiten, transportieren Sie die Magazine mit einer stabilen Sackkarre zum Auto. Kontrollieren Sie auf langen Transportstrecken die Bienen unterwegs. Falls sie sehr nervös sind, sprühen Sie ein paar Tropfen Wasser auf die Abdeckfolie.

Lässt sich der Transport am Tag nicht vermeiden, lassen Sie zumindest einige Bienenstöcke am alten Standort zurück, die von den nun »heimatlosen« Sammlerinnen angeflogen werden können. Falls erforderlich, müssen Sie ein zweites Mal fahren.

EIN NEUER STANDORT

Sehen Sie sich den geplanten Standort für die Bienenstöcke sorgfältig an und prägen Sie sich Landmarken ein. Erst dann werden die Bienenvölker an den neuen Standort gebracht. Pflanzenwuchs kann eine Landschaft verändern. Es könnte also durchaus vorkommen, dass Sie Ihre Bienen nach einigen Wochen nicht mehr auf Anhieb wiederfinden. Sichern Sie die Magazine auf dem Transport gegen mechanische Beschädigungen.

❋ *Heben Sie vor dem Transport solche schweren Honigraumzargen ab, damit die Magazine leichter und weniger kopflastig werden.*

80 Was, wenn die Bienen keine gute Tracht finden?

DAS PROBLEM
Der großflächige Gebrauch von Herbiziden, effiziente Mäher und die moderne Landwirtschaft sind nur einige der Gründe, warum die Tracht kontinuierlich abnimmt.

DIE LÖSUNG
Vor gar nicht so langer Zeit gab es Schmetterlinge und Bienen im Überfluss. Es kam zwar hin und wieder zu Schwankungen in der Populationsdichte, aber das war ein natürliches Phänomen und kaum jemand machte sich darüber ernsthafte Gedanken. Inzwischen haben die Bestände dieser nützlichen Insekten jedoch so stark abgenommen, dass nicht nur Imker und Landwirte, sondern wir alle die Folgen spüren werden, denn viele unserer Nutzpflanzen sind auf die Bestäubung durch Bienen angewiesen.

Pflanzen Sie Klee und andere Bienenpflanzen auf ihrem Grundstück und ermuntern Sie auch Nachbarn und Freunde dazu. Nur Bienen mit Zugang zu einem vielfältigen Lebensraum, in dem ganz unterschiedliche Pflanzen blühen, können während der warmen Monate genügend Vorräte für den Winter sammeln. Ein zu schmales Spektrum von Pflanzenarten, selbst wenn sie noch so viel Nektar und Pollen produzieren, reicht nicht aus, um das Überleben der Bienen zu sichern.

Imkervereine spielen eine wichtige Rolle, um die Gesellschaft auf das globale Problem des Artensterbens aufmerksam zu machen. Werben Sie in Ihrem Verein für eine aktive Öffentlichkeitsarbeit und stellen Sie Ihre Arbeit in Ihrer Region vor. Knüpfen Sie Kontakte zu Landschaftsgärtnern, um Programme zur Wiederansiedlung von Wildpflanzen zu initiieren, die Bienen und Schmetterlingen nützen. Es wäre schon ein erster Schritt, wenn auf großen Gartengrundstücken ein Teilbereich verwildern darf.

FLUGZEITEN

Für ein Bienenvolk spielt die geographische Lage der Tracht eine entscheidende Rolle. Je länger eine Sammlerin fliegen muss, desto mehr Energie verbraucht sie. Eine durchschnittliche Sammlerin legt in ihrem Leben etwa 225 km zurück, maximal jedoch 800 km. Sammelnde Bienen können etwa 10 km weit zu einer guten Tracht und zurück zum Stock fliegen, doch ihr eigener Energieverbrauch senkt den Gesamtertrag für das Bienenvolk.

❊ *Der Rückgang heimischer Wildblumen hat auch den Ertrag sammelnder Honigbienen verringert.*

8. KAPITEL
ERNTE UND VERARBEITUNG VON HONIG

Seit die Menschen Bienen halten, war Honig sowohl süße, nahrhafte Nahrung als auch Medizin. Im letzten Jahrzehnt haben zunehmend Hobbyimker in kleinerem Rahmen mit der Bienenhaltung begonnen. Sie leisten einen wichtigen Beitrag, den steigenden Bedarf an Honig und Honigprodukten zu decken, und helfen, den bedenklich abnehmenden Bienenbestand zu stabilisieren.

Honigbienen sind zwar von Natur aus emsige Honigproduzenten, aber ein Neuimker muss dennoch lernen, wie er dieses auf Selbstversorgung ausgelegte Verhalten handhaben muss, um Quantität und Qualität seiner Honigernte zu steigern. Die Probleme, die schon lange vor dem Zeitpunkt der Ernte auftreten können, reichen von Bienen, die keinen Honig im Honigraum speichern, bis zu Honig, der schon in der Honigzelle kristallisiert.

Die nächsten Herausforderungen warten, wenn der Honig geerntet wird, und betreffen sowohl professionell arbeitende Großimker wie Hobbyimker mit nur wenigen Völkern: verstopfte Honigsiebe, Bienen in der Honigraumzarge und versehentlich verschütteter Honig.

Selbst geernteter Honig mit seinem feinen Geschmack und seiner ausgezeichneten Qualität ist alle Mühen auf jeden Fall wert.

81 Wie separiere ich die Bienen aus einer Honigraumzarge?

DAS PROBLEM

Wenn die Honigwaben entnommen werden, sollten so wenig wie möglich Bienen im Honigraum sein. Die Bienen verlassen jedoch den Honigraum erst mit fallenden Nachttemperaturen im Herbst und ziehen sich in die Brutraumzarge zurück.

DIE LÖSUNG

Wenn Sie die Bienen für die Honigernte von den zu entnehmenden Honigwaben separieren möchten, wird einen Tag zuvor eine sogenannte »Bienenflucht« zwischen Honig- und Brutraumzarge eingesetzt. Über diese können die Bienen den Honigraum leicht verlassen, aber nicht mehr zurückkriechen. So erreichen Sie, dass sich am Tag der Entnahme möglichst wenige Bienen in der Zarge befinden. Die Bienenflucht sollte nur in Magazinen mit Absperrgitter, in denen die Königin den Brutraum nicht verlassen kann, verwendet werden. Lassen Sie sie nicht länger als einen Tag eingesetzt, denn Honigwaben ohne Bienen sind eine verlockende Beute für räuberische Bienen, die möglicherweise durch eine Lücke von außen in den Stock eindringen. Und auch Ihre Bienen werden vorhandene Schlupflöcher schnell finden. Außerdem kann der Honig, soweit noch nicht verdeckelt, ohne die Betreuung der Bienen wieder Wasser ziehen. (siehe auch Problem 82)

Manche Imker verwenden Vergrämungsmittel, sogenannte Repellents, um die Bienen aus den Honigraumzargen zu treiben. Diese Mittel wirken ähnlich wie Rauch, es besteht allerdings die Gefahr, dass Rückstände davon im Honig bleiben. Rauch zur Vertreibung verbleibender Bienen sollten Sie nur kurz und in Maßen einsetzen, damit der Geschmack des Honigs nicht beeinträchtigt wird. Natürlich können Sie die Bienen auch mit dem Abkehrbesen von den Waben streifen, riskieren dann aber, dass sie aggressiv reagieren.

ANGEZOGEN VOM LICHT

Trotz aller Vorsichtsmaßnahmen kann es passieren, dass einige wenige Bienen mit in den Arbeitsraum gelangen. Licht und Honigduft locken sie an. Die Gefahr besteht jedoch, dass sie dort in einem offenen Honigbehälter verenden. Locken Sie die Bienen nachts mit einem Licht oder tagsüber mit einem zweiten Magazin aus den Honigraumzargen.

❈ *Von gut gefüllten Honigwaben lassen sich die Bienen leichter entfernen als von Waben mit offenen Honigzellen. Von dieser Wabe werden die restlichen Bienen vorsichtig abgekehrt.*

82 Warum sind einige Honigzellen nicht verdeckelt?

DAS PROBLEM
Zu früh geernteter Honig enthält zu viel Wasser und verdirbt leicht. Normalerweise sind unverdeckelte Honigzellen ein Indiz dafür, dass der Honig noch nicht reif ist. Es gibt aber auch noch andere Gründe für offene Zellen.

DIE LÖSUNG
Verdeckelter Honig ist in der Regel trocken genug, also reif. Sind die Zellen zu mindestens zwei Dritteln verdeckelt, spricht dies dafür, dass der für Haltbarkeit und kommerziellen Gebrauch notwendige Reifegrad erreicht ist.

Die Produktion von Bienenwachs ist direkt an einen guten Nektarfluss gekoppelt. Gegen Trachtende, bei abnehmendem Nektarangebot, kann es daher durchaus vorkommen, dass der Honig unverdeckelt, aber dennoch reif ist. Geben Sie den Bienen dann keinen Zuckersirup, um Nektarfluss zu simulieren und damit die Verarbeitung des Honigs zu beschleunigen.

Eine Methode, um den Wassergehalt des Honigs einzuschätzen, ist die Spritzprobe: Schlagen Sie das waagerecht gehaltene Rähmchen ruckartig nach unten. Unreifer Honig spritzt heraus, reifer Honig bleibt in den Zellen. Nur mit einem Refraktometer, das manche Imkervereine an Mitglieder ausleihen, wird jedoch der Wassergehalt einer Honigprobe zuverlässig bestimmt. Honig aus unverdeckelten Zellen mit einem Wassergehalt unter 20 % (ideal sind 15–17 %) entspricht einem Honig aus verdeckelten Zellen. Ist der Wassergehalt höher, kann der Honig gären und verderben.

Wenn der Honig aus offenen Zellen nur einen kleinen Teil der Gesamternte ausmacht, darf er mit dem Honig aus verdeckelten Zellen vermischt werden. Bei größeren Mengen unreifen Honigs hängen Sie die Rähmchen um, bis die Stockbienen ihn genügend getrocknet und verdeckelt haben.

SONDERFALL RAPSHONIG

Rapshonig mit seinem hohen Glukosegehalt kristallisiert rasch, oft schon in der Zelle. Da nur flüssiger Honig geschleudert werden kann, hat er bei der Entnahme meist einen Wassergehalt im Grenzbereich. Die Zellen sollten trotz der gebotenen Eile zu wenigstens zwei Dritteln verdeckelt sein. Hier ist der Einsatz eines Refraktometers besonders sinnvoll.

❋ *Der Honig in dieser Wabe ist noch nicht vollständig reif. Durch einige Regentage versiegte der Nektarfluss und die Bienen haben die Zellen noch nicht verdeckelt. Wenn sich das Wetter bessert, tragen die Sammlerinnen Nektar ein und die Stockbienen verdeckeln die Zellen.*

83 Wie sieht der ideale Schleuderraum aus?

DAS PROBLEM

Jeder Imker braucht einen Raum, um den Honig zu schleudern und andere notwendige Arbeiten auszuführen. Wenn die Zahl der betreuten Bienenvölker zunimmt, wird der Schleuderraum rasch zu eng.

DIE LÖSUNG

Wer Honig ernten will, muss einen geeigneten Raum zur Verfügung haben, wo der Honig aus den Waben geschleudert und weiter verarbeitet wird. Sauberkeit und Hygiene sind hier oberstes Gebot. Neben einem Stromanschluss zum Betreiben der Schleuder ist besonders auch die Versorgung mit heißem Wasser notwendig, sodass der Raum und die Arbeitsgeräte leicht gesäubert werden können.

Der Raum sollte so hell wie möglich sein. Ideal ist ein abwaschbarer oder gefliester Boden, von dem sich Propolis- und Honigrückstände leicht entfernen lassen. Streichen Sie am besten auch die Wände mit wasserfester Farbe. Versuchen Sie, den Raum zum Schutz vor räuberischen Bienen möglichst bienendicht zu machen. Kommerzielle Imker brauchen eine Laderampe und eine breite Tür, um die schweren Honigraumzargen auf einer Sackkarre in den Raum zu schieben.

Mit der Zahl der Bienenvölker steigt auch der Aufwand. Für Neuimker mit wenigen Bienenvölkern reicht am Anfang oft noch die Küche oder ein vergleichbares Zimmer. Die Arbeit mit Waben und Honig ist jedoch eine klebrige Sache. Daher richten sich die meisten Imker früher oder später einen Raum ein, der ausschließlich zur Honigverarbeitung genutzt wird. Da Honig ein Lebensmittel ist, müssen jedoch auch Hobbyimker, die keine Möglichkeit haben, einen festen Schleuderraum einzurichten, in jedem Fall auf Sicherheit und lebensmittelsaubere Arbeitsflächen achten.

SCHLEUDERRAUM NACH BEDARF

Der ideale Arbeitsraum ist ein frei stehendes Gebäude, das ausschließlich für die Imkerarbeiten genutzt wird. In der Realität dürften den meisten Hobbyimkern aber der Platz und die Mittel fehlen, ein derartiges Imkerhaus zu errichten. Eine Möglichkeit ist in so einem Fall etwa, für einige Monate eine Doppelgarage zu einem Bedarfsarbeitsraum umzufunktionieren. Nachdem die Arbeiten abgeschlossen sind, verstauen Sie alle Geräte sicher bis zum nächsten Jahr.

❋ *Ein Imker streift die Wachsdeckel der Honigzellen ab. Danach wird die Wabe in eine Honigschleuder gestellt und der Honig ausgeschleudert.*

84 Wie halte ich Bienen von der Honigschleuder fern?

DAS PROBLEM
Der Honig wird etwa eine Woche nach der größten Tracht geerntet. Mit abnehmendem Nektarfluss sind die Sammlerinnen in starken Kolonien oft nicht mehr voll ausgelastet und reagieren verstärkt auf den verlockenden Honiggeruch der Honigschleuder.

DIE LÖSUNG
Schleudern Sie den Honig im Idealfall in einem abgeschlossenen Raum mit bienensicheren Fenstern und Türen. Manche Imker erledigen diese Arbeit lieber im Freien, wo klebrige Honigtropfen und Wachs kein Problem darstellen. Dort lockt der Duft des Honigs jedoch Bienen an. Selbst wenn Sie unter einem bienensicheren Zelt arbeiten, müssen Sie damit rechnen, dass sich davor Bienen sammeln, die auch Ihre Nachbarn beunruhigen könnten.

Wenn Sie keine andere Wahl haben und draußen arbeiten müssen, führen Sie die Arbeiten am frühen Abend bis in die Nacht hinein durch, wenn die Sammlerinnen ruhen. Die wenigen Bienen, die sich noch in den Honigraumzargen aufhalten, fliegen zu nahe gelegenen Lichtquellen. Stellen Sie die Schleuder daher nicht direkt unter einer Lampe auf.

Hindern Sie, falls das irgendwie möglich ist, aufmerksam gewordene Bienen daran, zum Stock zurückzufliegen. Sie würden sonst weitere Sammlerinnen über die entdeckte »Necktarquelle« informieren.

GEFAHRENQUELLE HONIGTOPF

Die Bienen vom Arbeitsraum fernzuhalten, dient nicht allein dem Schutz des Imkers oder des Honigs. Für Bienen besteht die Gefahr, sich gegenseitig in den Honig hineinzudrängen und darin zu ertrinken. Da von der reichhaltigen Nahrungsquelle mehr und mehr Bienen angelockt werden, können im schlimmsten Fall Tausende von Bienen verenden.

❋ *Der Honigduft aus der offenen Schleuder und den Waben kann in volkreichen Regionen Zehntausende von Bienen anlocken, die nach der Honigquelle suchen. Die aufgeregten Bienen lassen sich nicht mit Rauch beruhigen. Von Honigschleudern im Freien ist daher dringend abzuraten.*

Wieso kristallisiert der Honig in der Honigwabe?

DAS PROBLEM
Der Nektar einiger Pflanzenarten kristallisiert sehr schnell aus, noch bevor der Nektarfluss endet. Kristallisierter Honig kann jedoch nicht geschleudert werden.

DIE LÖSUNG
Honig, der in der Wabe kristallisiert, stellt für die Bienen kein Problem dar. Sie können ihn wieder verflüssigen und verzehren. Tatsächlich kommt dies je nach Tracht sogar relativ häufig vor. Für den Imker, der den Honig ernten möchte, ist kristallisierter Honig allerdings ein Problem, denn er lässt sich nicht aus den Zellen schleudern.

Honig ist eine Mischung aus Fruktose und Glukose. Je höher der Glukosegehalt, desto schneller kristallisiert der Honig. Raps- und Herbsthonig aus Efeu kristallisieren besonders schnell. Sie müssen also mit viel Sorgfalt rechtzeitig geerntet werden, noch ehe die Waben vollständig verdeckelt sind (siehe Seite 175). Wenn der Wassergehalt des Honigs gerade gering genug ist, kann er geschleudert und mit flüssigerem Honig aus dem gleichen Jahr verschnitten werden. Rühren Sie den Honig gründlich um, bevor Sie ihn in Gläser füllen.

Das Festwerden des Honigs ist ein natürlicher Vorgang. Honig ist eine übersättigte Zuckerlösung, aus der der überschüssige Zucker in Kristallform ausfällt. Dieser Prozess läuft auch bei geerntetem und abgefülltem Honig ab, sofern er nicht hitzebehandelt wurde. Für manche trübt die veränderte Konsistenz den Genuss, schlecht ist der Honig jedoch nicht. Die dünnflüssige Schicht über dem kandierten Honig enthält allerdings zu viel Wasser und kann gären. Honig, der in Gläsern auskristallisiert, kann mit schwacher Hitze nicht über 40 °C im Wasserbad wieder verflüssigt werden. Kandierter Honig in den Honigwaben ist nur noch für Bienen nutzbar.

EIN REINES NATURPRODUKT

Kristallisierter Honig ist kein »schlecht« gewordener Honig. Die Kristallisation ist ein natürlicher Vorgang. Viele mögen den veränderten Honig jedoch nicht gern, weil sich die großen Zuckerkristalle im Mund »sandig« anfühlen. Kommerzielle Honigvermarkter rühren kristallisierten Honig nach dem Schleudern, sodass die groben Zuckerkristalle zerschlagen werden.

❊ *In der Honigwabe fest gewordener Honig sieht trüb aus. Davon sind meist nur Teile der Wabe, nicht alle Honigzellen betroffen. Bienen können auch den kandierten Honig noch auflösen und verwerten.*

86 Warum habe ich so wenig Wabenhonig geerntet?

DAS PROBLEM

Wabenhonig ist eine besondere Spezialität, aber nicht einfach herzustellen. Bienen nehmen die speziellen Einsätze in der Regel nicht an. Zusätzliche Wände und Rähmchen im Honigraum entsprechen nicht den Vorstellungen der Bienen von einem natürlichen Nest.

DIE LÖSUNG

Die Herstellung von perfektem Wabenhonig ist eine Kunst. Früher schnitten Imker helle Honigwaben einfach aus dem Stock heraus. In Zeiten von Mittelwänden sind allerdings spezielle Rähmchen notwendig, da beim Wabenhonig die Waben mit verzehrt werden. Der Imker setzt dazu sehr dünnwandige Rähmchen oder Kassetten in der Größe des späteren Wabenhonigs ein. Bei Imkern sehr beliebt sind Kassettensysteme, bei denen die Bienen direkt in die in der Beute deponierte Verpackung bauen sollen, die der Imker nur noch zuschrauben muss. Die Kunststoffteile nehmen die Bienen jedoch oft nicht an.

Ein Nachteil der Kassetten und Rähmchen für den Imker sind die Ecken, die die Bienen nie vollständig mit Waben ausfüllen, sondern freilassen, um besser durchschlüpfen zu können. Es gibt mittlerweile verschiedene runde Wabenhonigrähmchen. Allerdings sind diese nicht kompatibel mit gängigen Zargentypen und werden von den Bienen eher gemieden.

Holzkassettensysteme werden von den Bienen eher akzeptiert, sind aber aufwendiger für den Imker, der sie bauen und zusätzliche Verpackung besorgen muss. Sie können auch Wabenhonig aus normalen Rähmchen ausschneiden, allerdings werden dabei einige Zellen zerstört und Honig läuft aus.

Ein Imker, der Wabenhonig produzieren möchte, muss sehr dünne oder gar keine Mittelwände einziehen. Zur Produktion eignet sich am besten ein Volk mit gut gefülltem Brutnest und Rähmchen. Setzen Sie einen Schwarm in eine Zarge mit gut gefüllten Brutwaben und stapeln Sie eine Honigraumzarge mit den leeren Einsätzen darüber.

WABENHONIG

Wabenhonig ist ein besonderer Genuss und Honig in seiner naturbelassensten Form. Da nur verdeckelte Waben geerntet werden und der Honig mitsamt der Wabe verzehrt wird, kann man sicher sein, dass der Honig reif, unbehandelt und nicht gemischt ist. Die Bienen bestimmen den Erntezeitpunkt und »verpacken« selbst. Imker dürfen nur feine Platten aus reinem Bienenwachs einsetzen. Scheibenhonig besteht übrigens aus reinen Naturwaben.

❊ Manche Imker verkaufen die Honigwaben auch in einem Glas mit normalem Honig. Honig und Wachs werden als Brotaufstrich genossen; naturreines Bienenwachs kann bedenkenlos mitgegessen werden.

87 Wie verhindere ich, dass mein Honigsieb verklebt?

DAS PROBLEM
Direkt nach dem Schleudern enthält der Honig noch feine Wachsstücke und Schwebstoffe, die beim Seihen schnell das Honigsieb verkleben. Das mühselige Reinigen des Siebs erschwert besonders die Arbeit mit großen Honigmengen.

DIE LÖSUNG
Viele Konsumenten vergessen allzu leicht, dass Honig ein Naturprodukt ist, das von den Bienen in vielen Arbeitsgängen in den Wachswaben gesammelt und produziert wird. Auf die Spuren dieser Entstehung reagieren die meisten empfindlich. Nach dem Schleudern werden deshalb mit feinen Sieben möglichst alle sichtbaren Stoffe herausgefiltert. Das Honigsieb ist ein wichtiger Bestandteil der Honigaufbereitung. Es verstopft sehr leicht, und kann dann schnell überfließen, lässt sich aber nicht einfach und schnell reinigen.

Die Imkerei-Fachgeschäfte bieten verschiedene Siebtypen und Filter an. In der Regel sind es Doppelfilter mit groben und feinen Maschen. Sie alle setzen sich jedoch früher oder später zu und sind daher mehr oder weniger pflegeintensiv. Eine Alternative zu Metallsieben sind Spitz- oder Rundsiebe aus Nylon. Sie sind preiswerter und filtern den Honig rückstandsfrei. Sie halten länger, wenn sie in den geschleuderten Honig eingetaucht werden. Dann setzen gröbere Schwebteilchen die Maschen nicht so schnell zu. Manche Imker lassen den Honig durch Seihtücher aus Käseleinen laufen, doch dabei können sich Fussel lösen, die die optische Qualität des Honigs mindern.

Oft werden die Siebe durch eine Vorreinigung geschont: In einem Honig-Sumpf sinken die Verunreinigungen ab und werden dann abgeschieden. Ein solcher Apparat ist allerdings nur bei großen Honigmengen sinnvoll.

SCHWEBSTOFFE ABSCHÖPFEN

Wenn Honig drei bis vier Tage lang bei Zimmertemperatur in einem Kübel stehen bleibt, steigen die Schwebstoffe an die Oberfläche und können abgeschöpft werden. Leichtes Erwärmen mit einer Honigtherme beschleunigt den Prozess.

❉ *Hier wird der geschleuderte Honig über ein einfaches Sieb von natürlichen Schwebstoffen befreit.*

88 Wie kann ich sortenreinen Honig ernten?

DAS PROBLEM

Nach der vom Bundesministerium für Verbraucherschutz, Ernährung und Landwirtschaft verabschiedeten Honigverordnung gilt Honig als sortenrein, wenn er vollständig oder überwiegend aus einer Blütensorte hergestellt wird. Wie aber verhindert man, dass die Bienen an den falschen Blüten sammeln?

DIE LÖSUNG

Bienen sammeln in der freien Natur, und kein Imker kann zu 100 % garantieren, dass sein Honig ausschließlich aus dem Nektar einer bestimmten Pflanze entstanden ist. Der Gesetzgeber verlangt auch keine absolute Reinheit. Die genaue Untersuchung der Pollen- und Zuckeranteile in Fachlabors ist nicht vorgeschrieben. Die kleinen Anteile anderer Pflanzen tragen zum spezifischen Aroma des Honigs bei.

Das natürliche Sammelverhalten der Bienen kommt dem Wunsch nach sortenreinem Honig sogar entgegen: Bienen sind blütenstet und konzentrieren sich bei ausreichendem Angebot »freiwillig« auf eine Sorte. Erkundigen Sie sich nach dem kalendarischen Blütenbeginn und -ende der erwünschten Haupttracht und stellen Sie Ihre Magazine ein paar Tage vorher mit leeren Honigraumzargen dort auf, wenn möglich in die Mitte des gewünschten Sammelgebietes, sodass die Bienen nicht so leicht andere Pflanzen anfliegen.

Kontrollieren Sie regelmäßig den Nektarfluss. Wenn nach der Hauptblüte die ersten Blüten zu welken beginnen, tauschen Sie die Honigraumzarge gegen eine leere aus, damit nicht der Nektar einer anderen Pflanzenart den sortenreinen Honig verfälscht.

POLLENANALYSE

Die Sortenreinheit wird unter anderem anhand der Zuckerzusammensetzung, der Farbe, des Geschmacks sowie der im Honig vorhandenen Pollen überprüft. Entsprechend der Sammeltätigkeit der Bienen sind unter dem Mikroskop bestimmte Anteile von Pollen im Honig sichtbar. Derartige Analysen sortenreinen Honigs sind für kleine Imker meist zu teuer.

❋ *Von der Ausgangspflanze hängen Aroma und Farbe des Honigs ab. Der Geschmacksunterschied zwischen den meisten Wildblütenhonigen ist nur minimal. Manche Sorten wie etwa Buchweizen- und Kleehonig unterscheiden sich aber deutlich in Farbe und Geschmack. Wer sein Leben lang Honig isst, entwickelt Vorlieben für bestimmte Sorten. Während viele Imker Mischblütenhonig anbieten, haben sich andere auf bestimmte Trachten spezialisiert.*

 Was mache ich mit bei der Ernte verschüttetem Honig?

DAS PROBLEM

Es ist unvermeidlich, dass der Imker bei der Arbeit von Zeit zu Zeit Honig verschüttet. Bei größeren Mengen ist Vorsicht geboten.

DIE LÖSUNG

Wie problematisch verschütteter Honig ist, richtet sich nach der Menge des Honigs und dem Ort, wo das Unglück passiert ist. Kleine Mengen verschütteten Honigs sind nur lästig, während größere Mengen zum wirklichen Problem werden können: Auffangbehälter und Abfüllkübel können überlaufen, Pumpenschläuche sich lösen, schwere Kessel auf Sackkarren umkippen oder die Deckel von Honiggefäßen abspringen.

Entfernen Sie kleine Honigflecken mit Seife und heißem Wasser. Wurden größere Mengen verschüttet, wird der Honig zunächst grob mit einer flachen Schaufel aufgenommen und in einen Behälter gefüllt. Den Rest mit einem Fensterabzieher zusammenschieben. Für kleinere Mengen reicht auch eine flache Kehrschaufel. Entfernen Sie so viel Honig wie möglich und säubern Sie anschließend den Boden mit viel heißem Wasser und Putzlappen. Bei größeren Mengen ist der Einsatz eines Hochdruckreinigers sinnvoll. Veschütteter Honig ist nicht mehr für menschlichen Verzehr geeignet. Die Bienen können ihn jedoch noch nutzen. Achten Sie jedoch unbedingt darauf, dass Honigpfützen nicht Ihre Bienen in Scharen anlocken und im Extremfall zur Todesfalle für die Sammlerinnen werden (siehe Problem 84).

❇ *Verschütteter Honig klebt hartnäckig und ist schwer zu entfernen. Er ist nicht für den menschlichen Verzehr geeignet, kann aber wieder an die Bienen verfüttert werden.*

90 Warum kristallisiert Honig im Glas aus?

DAS PROBLEM
Im Laufe der Zeit wird fast jeder Honig auskristallisieren, das ist ein ganz natürlicher Vorgang. Auch dieser Honig ist noch zum Verzehr geeignet, also keineswegs verdorben.

DIE LÖSUNG
Die Zuckerkristalle lösen sich wieder auf, wenn Sie den Honig leicht erwärmen. Lockern Sie dazu den Deckel, damit kein Überdruck entsteht, und stellen Sie das Glas in warmes Wasser und rühren Sie gelegentlich um. Keinesfalls darf die Temperatur 40 °C überschreiten, da sonst wertvolle Inhaltsstoffe zerstört werden. Je nach Größe des Glases hat sich der Zucker nach etwa 30 Minuten wieder aufgelöst. Nach einiger Zeit werden sich jedoch erneut Zuckerkristalle bilden. Verbraucher sollten daher nur so viel Honig kaufen, wie sie binnen sechs Monaten verzehren können. Die Flüssigkeit, die sich um die kristallinen Teile herum ansammelt, verringert nämlich die Haltbarkeit.

Häufiges Verflüssigen mindert die Qualität. Denn jedes Mal, wenn der Honig durch Wärme verflüssigt wird, verliert er an Aroma und wird dunkler. Beim mehrfachen Erwärmen von Honig bildet sich außerdem Hydroxymethylfurfural (HMF), eine Verbindung, die bei der thermischen Zersetzung von Zucker entsteht. Der HMF-Gehalt ist ein Marker für naturbelassenen, nicht hitzebehandelten Honig. Der Deutsche Imkerbund vergibt das Gütesiegel »Echter Deutscher Honig« nur für Chargen mit weniger als 15 mg HMF pro Kilogramm Honig. Geben Sie nicht verkauften, kristallisierten Honig den Bienen zurück, die ihn an die Brut verfüttern.

DER KRISTALLISATIONSPROZESS

Honig ist eine übersättigte Zuckerlösung. Das Auskristallisieren ist ein natürlicher physikalischer Vorgang, bei dem sich die Konzentration des Zuckers im Wasser verringert. Im Honig befinden sich winzige Glukosekristalle und Schwebstoffe, die als Kristallisationskerne dienen. Bei der Kristallisation lagern sich weitere Zuckermoleküle an und verbinden sich zu einem Kristallgitter. Der Honig wird trüb und schließlich hart. Honigsorten mit hohem Glukosegehalt bieten mehr Ansatzpunkte und kristallisieren schneller, oft schon in den Waben (siehe Problem 85).

❋ *Früher oder später kristallisiert jeder Honig aus. Er ist dann zwar nicht so streichfähig wie flüssiger oder cremiger Honig, aber immer noch unbedenklich essbar.*

91 Darf ich meinen Honig verkaufen?

DAS PROBLEM
Auch mit nur wenigen Völkern werden Hobbyimker bei guter Völkerführung schnell mehr Honig ernten können, als sie selbst verbrauchen können. Viele möchten mit dem Honigverkauf ihre Kosten decken. Dabei gibt es jedoch einiges zu beachten.

DIE LÖSUNG
Honig ist ein Lebensmittel, das Gesetzen zur Qualitätssicherung unterliegt. Es gibt keine umfassende Einzelregelung für Honig, sondern eine Vielzahl an Gesetzen und Verordnungen aus dem Lebensmittelrecht, die beachtet werden müssen. Eine Einführung in diese Thematik geben Honiglehrgänge. Reine Hobbyimker, die ihren Honig nicht verkaufen wollen, brauchen sich um Gesetze und Verordnungen den Honig betreffend nicht zu kümmern.

Ab einer Anzahl von etwa 30 Völkern werden Imker jedoch nicht mehr als Hobbyimker eingestuft und können daher pauschal besteuert werden. Bei einer niedrigeren Völkerzahl geht man im Allgemeinen davon aus, dass die Kosten höher als die Einnahmen sind. Informieren Sie sich unbedingt rechtzeitig bei der für Sie zuständigen Behörde und klären Sie Ihren individuellen Fall ab.

BERUFSGENOSSENSCHAFT

Während das Finanzamt die Grenze bei ungefähr 30 Völkern ansetzt, ist der Grenzwert für die Berufsgenossenschaft niedriger. Eine Imkerei mit mehr als 25 Völkern gilt dort nicht mehr als Freizeitimkerei, sondern als gewerbsmäßig, und der Imker wird bei der Landwirtschaftlichen Berufsgenossenschaft meldepflichtig.

❋ *Bieten Sie ihren Honig in hübschen, sauberen Gläsern oder Weithalsflaschen mit informativem, ansprechendem Etikett an.*

9. KAPITEL
BIENENWACHS UND ANDERE BIENENPRODUKTE

Die meisten Imker konzentrieren sich auf die Honigerzeugung, und einige bieten darüber hinaus auch ihre Bienen als Bestäuber an. Doch es gibt noch zahlreiche weitere Bienenerzeugnisse, die ein Imker nutzen kann. Das duftende Bienenwachs etwa produzieren die Bienen beim Bau von Honigzellen. Das hochwertige Wachs ist vielfältig verwendbar, etwa für die Herstellung von Kerzen oder für bestimmte kosmetische Produkte. Will ein Imker für den Eigenbedarf oder die Vermarktung mehr Wachs gewinnen, muss er den Bautrieb der Bienen fördern.

Propolis, das Kittharz der Bienen, ist ebenfalls in jedem Bienenstock vorhanden, doch nur wenige Imker ernten dieses Naturprodukt gezielt. Wegen seiner antibiotischen, antiviralen und antimykotischen Wirkung erfreut es sich allerdings zunehmender Beliebtheit.

Dieses Kapitel widmet sich vor allem dem Sammeln von Bienenwachs und Propolis. Dabei geht es hauptsächlich um die Weiterverarbeitung des Wachses zu Bienenwachskerzen. Darüber hinaus erfahren Sie, wie Sie mit den unangenehmen Ausscheidungen von Bienen umgehen, wie etwa dem Bienenkot, der Schäden am Autolack verursachen kann, sowie den schmerzhaften Begegnungen mit Bienengift.

92 Was mache ich mit Wachs von alten Rähmchen?

DAS PROBLEM
Das Wachs alter Bruträhmchen ist mit Resten von Kokonseide, Propolis und Abfällen verunreinigt. Das Wachs lässt sich nur schwer recyceln, und alte Rähmchen sind unbrauchbar geworden.

DIE LÖSUNG
Bienen bauen neue helle Waben aus Wachs, das sie aus acht Drüsen in ihrem Hinterleib ausscheiden. Mit der Zeit dunkeln alte Bruträhmchen nach, weil sich Verunreinigungen aller Art ablagern. Das Wachs mehrfach bebrüteter Waben ist durch Propolis, Kokonseide und Abfälle dunkel gefärbt und hat im Laufe der Jahre auch Umweltgifte und Krankheitserreger aufgenommen. Wechseln Sie Rähmchen daher spätestens nach drei Jahren aus, damit sich keine Krankheiten ausbreiten.

Wenn Sie das Wachs erneut verwenden möchten, entfernen Sie das Wachs und den Draht von alten oder zerbrochenen Rähmchen und schmelzen es ein. Sonnenwachsschmelzer (siehe Problem 100), die Sie im Fachhandel bekommen oder selbst bauen können, werden bei sonnigem Wetter direkt zur Sonne ausgerichtet. Die Geräte sind umweltfreundlich und nachhaltig. Da der Duft schmelzenden Wachses im Freien Bienen jedoch anlocken kann, verlegen manche Imker das Einschmelzen lieber in die kalte Jahreszeit und benutzen einen Dampfwachsschmelzer. Filtern Sie nach dem Schmelzen Drahtreste, Kokonseide, Propolis und andere Rückstände aus.

Wenn Sie aus dem alten Wachs mit Hilfe einer Gießform neue Mittelwände herstellen möchten, sollten sie es zuvor unbedingt entseuchen. Falls Sie Wachs kommerziell verwerten möchten, sollten Sie das helle Wachs der Deckel und neuer Waben nicht mit dem dunklen Wachs alter Waben vermischen. Altes Wachs nehmen nur wenige speziell ausgerüstete Händler an.

93 Wie wird Propolis gesammelt und weiterverarbeitet?

DAS PROBLEM
Frisches Propolis ist sehr klebrig und trocknet zu einer äußerst harten Substanz ein (»Kittharz«), die sich nur schwer von Händen, Werkzeugen und aus der Kleidung entfernen lässt.

DIE LÖSUNG
Propolis wird seit Tausenden von Jahren als Heilmittel in der Volksmedizin geschätzt, findet in jüngerer Zeit aber auch Verwendung als Nahrungsergänzungsmittel und als Komponente von Autowachs und Instrumentenlacken. Den Grundstoff für Propolis – Baum- und Knospenharz – sammeln die Bienen zwischen Frühling und Frühsommer. Die Tiere verschließen mit Propolis alle Ritzen und Spalten im Stock, die Schädlingen wie dem Kleinen Beutenkäfer, Wachsmotten und Ameisen als Versteck dienen können.

Mit einem sehr engmaschigen Gitter können Sie Bienen zur Bildung von Propolis anregen. Anbieter von Imkereibedarf haben spezielle »Propolisgitter« im Programm. Sie ähneln dem Absperrgitter zwischen Brut- und Honigraum, sind aber wegen der engen Schlitze unpassierbar für Bienen. Sie können das Gitter auch selbst aus 6 mm dickem Sperrholz herstellen, in das Sie 3 mm breite Schlitze sägen. Legen Sie das Propolisgitter direkt unter den Innendeckel auf die oberste Zarge. Die Propolismenge kann von Volk zu Volk variieren.

Propolis, mit dem die Bienen Zargen abgedichtet haben, wird abgeschabt. Legen Sie ein provisorisches Gitter über eine Wanne oder ein anderes großes Gefäß und stellen Sie die Zarge darauf. Schaben Sie dann die Zarge mit dem Stockmeißel sauber. Wachs, Holzsplitter und Propolis fallen in die Wanne. Wenn alle Zargen gesäubert sind, füllen Sie Wasser in die Wanne. Wachs und Holzsplitter schwimmen oben, Propolis sinkt zu Boden. Es wird gesammelt, getrocknet und gelagert.

94 Wie löse ich festsitzende Wachskerzen aus der Form?

DAS PROBLEM

Aus Bienenwachs lassen sich hervorragend Kerzen gießen oder ziehen. Wird das Wachs in eine Form gegossen, bleibt es nach dem Erkalten gelegentlich an der Form haften. Bei Gießformen aus Metall ist das Risiko größer als bei Gießformen aus Plastik oder Silikon.

DIE LÖSUNG

Das flüssige Bienenwachs muss mindestens über Nacht in der Gießform bleiben, bis es völlig erkaltet und hart ist. Aus Kerzenformen aus Silikonkautschuk lässt sich die fertige Wachskerze am besten befreien. Aus einer Metallform löst sich das Wachs besser, wenn diese vorher mit Trennmitteln wie Silikonspray eingesprüht wurde. Plastik- oder Acrylformen werden nicht eingesprüht, da das Spray sie langfristig angreift.

Eine Alternative zu den Sprays ist, die fest haftende Kerze kurz in den Gefrierschrank zu legen, damit die Kälte sie löst. Auch ein warmes Wasserbad kann die Verbindung zwischen Metallwand und Wachs lösen. Das Wasser sollte nicht zu heiß sein, sonst schmilzt das Wachs wieder. Ein altes Hausmittel ist ein dünner Film aus Pflanzenöl auf der Innenseite der Gießform. Lassen Sie das Öl gut abtropfen, bevor Sie das flüssige Wachs eingießen. Probieren Sie aus, welche Methode bei Ihren Formen am besten funktioniert.

Lässt sich die Kerze mit keinem Mittel aus der Metallform lösen, muss das Wachs vollständig entfernt werden. Achten Sie dabei darauf die Innenwand der Form nicht zu zerkratzen. Entfernen Sie alle Wachsreste, falls nötig auch mit aggressiven Reinigungsmitteln, ehe Sie die Form erneut gebrauchen.

BIENENWACHSERZEN

Eine gute Bienenwachskerze mit dem richtigen Docht brennt rauchlos und ohne zu tropfen. Darüber hinaus duftet sie angenehm. Ein Imker, der Wachskerzen selbst herstellt, denkt bei dem Geruch wahrscheinlich an seine Bienen. Doch auch Nicht-Imker genießen das wunderbare natürliche Aroma.

❋ *Manche Gießformen sind schwieriger zu handhaben als andere. Insbesondere in stark strukturierten Formen steigt die Gefahr, dass sich das beim Erkalten zusammenziehende Bienenwachs an einzelnen Stellen festsetzt. Silikonformen sind hier die beste Wahl.*

Was bedeutet der weißliche Belag auf meinen Kerzen?

DAS PROBLEM
Alle Produkte aus reinem Bienenwachs bekommen mit der Zeit einen weißlichen Belag: Das Wachsfett tritt aus und die Kerzen »blühen aus«.

DIE LÖSUNG
Das Ausblühen des Wachsfetts tritt erst nach einer gewissen Zeit ein. Häufige Temperaturwechsel scheinen es zu fördern. Bei einer konstanten Temperatur von über 15,5 °C tritt der Belag erst nach Monaten auf. Ähnlich wie beim Kristallisieren des Honigs hat dies keinerlei Auswirkung auf die Qualität, sondern ist vielmehr ein Qualitätsmerkmal. Der Belag ist ein Beweis dafür, dass die Kerze aus reinem Bienenwachs besteht und wird von vielen auch als besonders schön empfunden.

Wenn Sie lieber keine weiße »Patina« haben möchten, setzen Sie Bienenwachskerzen mit strukturierter Oberfläche vorsichtig dem warmen Luftstrom aus einem Fön oder einer Heißluftpistole aus. Das ausgeblühte Wachsfett löst sich daraufhin auf, erscheint aber nach einigen Wochen erneut. Reiben Sie gerade, glatte Bienenwachskerzen mit einem weichen Tuch ab. Durch die Wärme, die dabei einsteht, schmelzen die Verfärbungen ebenfalls ein und es entsteht ein seidiger Glanz.

Ein Glanzspray oder Glanzlack aus dem Fachhandel verhindert den Belag über lange Zeit oder gänzlich, trübt aber zumindest für gewisse Zeit den Duft und ist ein Fremdstoff an einem ansonsten reinen Naturprodukt. Wenn der anfängliche Eigengeruch dieser Mittel nach einiger Zeit verschwindet, duftet die Kerze wieder nach Bienenwachs.

✺ *Im Laufe der Zeit bildet sich auf Kerzen aus reinem Bienenwachs eine mattweiße Patina. Sie ist ein Zeichen für echtes Bienenwachs aus natürlichem Stearin, das im Gegensatz zu Paraffin sauber und ohne Rauch verbrennt.*

96 Wie lindere ich die Folgen eines Bienenstichs?

DAS PROBLEM

Mit den Stichen verteidigen Honigbienen ihr Volk und dessen Futtervorräte. Für den Schmerz ist das Melittin verantwortlich, ein Hauptbestandteil des Bienengiftes. Die Schwellung ist eine Reaktion des Körpers, um das Gift unschädlich zu machen.

DIE LÖSUNG

Bienenstiche gehören beim Imkern zum Alltag und sind unvermeidliche Begleiterscheinungen der Bienenhaltung. Außer dem anfänglichen Schmerz und der Rötung sind in der Regel keine Folgen zu befürchten. Die Kühlung mit Eis oder kühlende Gels aus der Apotheke bringen meist eine gewisse Linderung. Treten jedoch zusätzliche Symptome auf wie etwa ein Ausschlag und Schwellungen abseits der Einstichstelle – besonders gefährlich im Rachen oder Auge – müssen Sie einen Arzt aufsuchen. Für angehende Imker ist es daher auch unerlässlich abzuklären, ob sie eine Allergie gegen Bienenstiche haben, bevor sie mit dem Imkern anfangen.

Gegen Bienenstiche hilft am besten die Vorbeugung: Heftige Bewegungen, Parfüm und Anpusten reizen Bienen zum Stich. Selbst erfahrene Imker tragen daher außer dem traditionellen Imker-Overall einen Schleier. Halten Sie für Notfälle stets die volle Schutzkleidung griffbereit. Auch der Smoker gehört zur Verteidigungsstrategie des Imkers. Zünden Sie den Smoker rechtzeitig an und nicht erst während eines Angriffs, insbesondere wenn Sie sich den Bienenvölkern ohne Schutzkleidung nähern.

✤ *Bienen stechen, um ihr Volk und dessen Futtervorräte gegen Angreifer zu verteidigen.*

Bienenwachs und andere Bienenprodukte

97 Warum härtet meine Honigseife nicht richtig aus?

DAS PROBLEM
Bei der Herstellung von Honigseife ist es erfolgskritisch, die einzelnen Zutaten korrekt abzuwiegen und das Mischungsverhältnis genau einzuhalten. Auch die Temperatur, bei der Fett und Lauge miteinander vermischt werden, muss exakt gemessen werden.

DIE LÖSUNG
Da Honig Feuchtigkeit aus der Luft aufnehmen und speichern kann, wird er häufig kosmetischen Seifen und auch Shampoos beigemischt, die Haut bzw. Haare vor dem Austrocknen schützen sollen.

Halten Sie sich bei der Herstellung von Seifen peinlich genau an die Mengenangaben im Rezept. Waage und Thermometer müssen auf Gramm und Grad genau funktionieren – am besten verwenden Sie digitale Geräte.

Stellen Sie ihre ersten Seifen nach einem möglichst einfachen Rezept aus einem Fachbuch her, um Fehler bei der Berechnung von Mengen und Mischungsverhältnissen zu vermeiden. Vermischen Sie zunächst das Fett und die Lauge, die mit dem chemischen Fachwort Base genannt wird, bei der angegebenen Temperatur. Beide Komponenten müssen vor dem Vermischen auf etwa 40 °C erwärmt werden. Schon etwas zu viel oder zu wenig Fett und/oder Lauge können verhindern, dass die Seife richtig aushärtet. Halten Sie sich deshalb genau an das im Rezept angegebene Mischungsverhältnis. Nachdem die Seife hart geworden ist, muss sie noch etwa 2 Wochen lang vollständig aushärten. Da sich die Zutaten eines gescheiterten Versuches nicht immer wiederverwenden lassen, sollten Sie erst mit viel Erfahrung eigene Mischungen ausprobieren.

VORSICHT MIT DER LAUGE!

Die Lauge, die in einer chemischen Reaktion die Fette »verseift«, muss genau nach Rezept hergestellt und gemischt werden. Vor allem auf nasser Haut führt sie zu Verätzungen. Tragen Sie deshalb eine Schutzbrille, Schutzhandschuhe, lange Kleidung und geschlossene Schuhe und arbeiten Sie an einem sicheren Platz. Laugen verarbeiten Sie am besten in Edelstahltöpfen mit Holz- oder Silikongeräten.

❋ *Diese Honigseife ist ein einer schönen Gießform mit Waben- und Bienenmotiv ausgehärtet. Falls Sie Ihre Produkte verkaufen möchten, erkundigen Sie sich nach den einschlägigen Vorschriften zur Vermarktung von Seifen und Kosmetik.*

98 Wie verhindere ich Bienenkot-Schäden?

DAS PROBLEM
Zur Stockhygiene gehört, dass sich Bienen gewöhnlich außerhalb des Bienenstockes erleichtern. Bei gutem Wetter fliegen sie dazu sogar relativ weit. Bäume und andere Barrieren zwingen die Bienen manchmal, feste Flugschneisen einzuhalten. Steht das Auto des Nachbarn genau in einer solchen Schneise, kann es gehäuft getroffen werden.

DIE LÖSUNG
In der Stadt geben die Kotflecken der Bienen neben Stichen, Bienenschwärmen und zahlreich auftretenden Bienen an Wasserstellen am häufigsten Anlass zu Beschwerden. Ein paar Kotspritzer auf dem Autolack sind kein großes Unglück und kaum sichtbar. Erst wenn sich viele Bienen über einem Auto erleichtern, werden die Kotrückstände zum Problem. Solche massenhaft auftretenden Flecken kommen vor, wenn sehr viele Bienenstöcke in der Umgebung stehen, oder dann, wenn die Bienen nach dem Winter zum großen Reinigungsflug ausfliegen.

Da sich Bienen nicht in eine bestimmte Flugrichtung zwingen lassen, müssen Sie bei ungünstiger Flugschneise die Magazine mit den Bienenvölkern an eine andere Stelle setzen. Der in Massen angetretene Reinigungsflug im Frühjahr lässt sich mehr oder weniger planen. Sobald die Temperaturen über etwa 8 °C steigen, leeren die Bienen ihre über den Winter enorm gefüllten Därme. Informieren Sie Ihre Nachbarn und decken Sie Autos und andere Gegenstände im Freien gegebenenfalls mit Leintüchern ab.

Kotflecken lassen sich nur schwer entfernen, wenn sie erst einmal getrocknet sind. Im Fachhandel sind spezielle Reinigungsmittel erhältlich. Feuchten Sie die entsprechenden Stellen gut an und verwenden Sie das Mittel nach Herstellerangabe. Polieren Sie die Stelle mit einem Mikrofasertuch nach. Bei hartnäckigen Flecken kann ein Teerlöser helfen. Von gewachstem Autolack lassen sich die Flecken leichter entfernen.

Wie entferne ich Bienenwachs?

DAS PROBLEM
Bei der Arbeit am Stock und der Weiterverarbeitung von Honig gibt es zwangsläufig Wachsflecken. Wachs und Propolis sind nicht wasserlöslich, müssen also besonders entfernt werden.

DIE LÖSUNG
Wachsflecken sind nicht nur eine typische Begleiterscheinung der Imkerei, sondern fallen auch bei der Kerzenherstellung oder Batikarbeiten an. Beim Abschaben von Wabenresten im Freien fällt das Wachs auf den Boden und man tritt früher oder später hinein. Es haftet ähnlich hartnäckig wie Kaugummi an Sohlen und Textilien.

Lassen Sie Bienenwachs auf Stoff zunächst aushärten, am besten im Gefrierfach. Danach schaben Sie so viel Wachs wie möglich mit einem stumpfen Messer ab. Behandeln Sie pigmentiertes Wachs mit einem Fleckenentferner. Legen Sie anschließend ein Löschpapier darüber und erhitzen den Fleck mit einem warmen Bügeleisen. Das restliche Wachs wird vom Papier aufgesaugt.

Im Frühling und Frühsommer bleibt Propolis an Händen, Handschuhen, Werkzeugen und Kleidung kleben. Besonders unangenehm sind Propolisrückstände auf Kamera oder Kamerazubehör. In den meisten Fällen lässt sich Propolis mit Isopropylalkohol ablösen, kleine Flecken auch mit alkoholgetränktem Linsenpapier. Sowohl pigmentiertes Bienenwachs als auch Propolis können auch nach der Reinigung noch dauerhafte Farbveränderungen hinterlassen.

Waschen Sie Propolis mit einem Desinfektionsmittel auf Alkoholbasis von den Händen ab. Schrubben Sie die noch feuchten Hände anschließend gründlich mit einem Handwaschmittel mit Bimsstein ab. Reste auf den Nagelhäuten werden mit einer Nagelbürste entfernt.

Wie schmelze ich Wachs ohne Brandgefahr?

DAS PROBLEM

Bienenwachs in jeder Form ist leicht entzündlich. Es kann aber nicht nur Feuer fangen. Heißes, flüssiges Wachs hinterlässt auch schmerzende Brandwunden.

DIE LÖSUNG

Arbeiten Sie beim Schmelzen von Wachs niemals mit einer offenen Flamme. Lässt sich die offene Flamme nicht vermeiden, arbeiten Sie im Freien und halten Sie einen Sicherheitsabstand zu Menschen und Tieren ein. Falls Sie das Wachs auf einem Gasherd in der Küche schmelzen wollen, stellen Sie den Topf mit dem Wachs in ein Wasserbad und lassen ihn nicht aus den Augen. Kleinere Wachsmengen wie Waben oder Zelldeckel werden direkt in einen Topf mit Wasser gelegt und das Wasser erhitzt. Bei 65 °C schmilzt das Wachs und sammelt sich auf der Wasseroberfläche. Nach dem Erkalten können Sie das harte Wachs abschöpfen und weiterverwenden. Beim Schmelzen werden übrigens auch die Larven der Wachsmotte abgetötet.

    Der Fachhandel bietet unterschiedliche Schmelzkessel für die Herstellung von Wachskerzen an. Sie schmelzen das Wachs mit der erforderlichen Temperatur und halten sie konstant. Sie können aber auch einen ausgedienten Schmortopf zum Schmelzkessel umfunktionieren.

    Eine weitere Möglichkeit sind Sonnenwachsschmelzer. Die mit Glas abgedeckten Kästen stehen im direkten Sonnenlicht und werden an warmen Tagen heiß genug, um das Wachs zu schmelzen. Solche Geräte arbeiten zwar umweltfreundlich, sind aber unzuverlässig: Häufig wird das Wachs nicht gleichmäßig geschmolzen, zuweilen bleicht es aus. Von der Sonne gebleichtes Bienenwachs, lässt sich kommerziell kaum verwerten.

RÜCKSTÄNDE

Der dunkelbraune Rückstand, der sich beim Schmelzen unten im Wachs ablagert, besteht aus alten Puppenhüllen und Abfällen aus der Wabe. In der Regel ist dieses dunklere Wachs noch von guter Qualität. Die Schmelze von sauberem Deckelwachs enthält jedoch viel weniger dunklen Rückstand.

✽ *Hier wird das in einem doppelwandigen Heizkessel mit Temperaturregulierung geschmolzene Wachs in Kerzenformen gegossen. Das heiße Wachs kann sich zwar nicht entzünden, könnte aber kleinere Verbrennungen auf der Haut verursachen.*

GLOSSAR

ABDECKHAUBE
siehe Haube

ABFÜLLKÜBEL
Behälter aus Edelstahl, in dem der geschleuderte Honig einige Tage ruhen kann, damit Luftblasen, Wachs und Schwebteilchen an die Oberfläche steigen können.

ABLEGER
Ein kleines Bienenvolk, das der Imker von einem starken Volk trennt. Es besteht aus Bienen, Brutwaben, Leerwaben und einer Königin (oder einer Weiselzelle).

ABSPERRGITTER
Eine Sperre zwischen Brutraum- und Honigraumzarge, die nur Arbeiterinnen passieren können. Drohnen und die Königin verbleiben im Brutraum.

ALARMPHEROMON
Eine flüchtige Chemikalie, die Arbeiterinnen ausscheiden, um das Volk in Verteidigungsbereitschaft zu versetzen.

AMERIKANISCHE FAULBRUT
Siehe Bösartige Faulbrut

AMMENBIENEN
Junge Stockbienen; sie versorgen und füttern die heranwachsende Brut.

ARBEITERIN
Das Endstadium im Leben einer Biene. Sie sind diploid, aber steril und pflegen Brut und Bienenstock, holen Wasser und Nektar und bestäuben die Blüten.

AUSGEBAUTE MITTELWÄNDE
Von den Bienen mit Waben versehene Mittelwände; siehe auch Leerwabe.

BAURAHMEN
Ein leeres Rähmchen ohne Mittelwand, in das Bienen Drohnen- oder eine freie Wabe (siehe Wildbau) einbauen.

BEOBACHTUNGSSTOCK
Kleiner Bienenstock, der zu Demonstrations- und Schulungszwecken eine durchsichtige Wand zur Beobachtung der Bienen besitzt.

BESTÄUBUNG
Die männlichen Geschlechtszellen einer Blüte (Pollen) werden von Bienen und anderen Insekten auf den weiblichen Blütenteilen (Narbe) abgestreift. Dadurch wird die Blüte befruchtet und kann Früchte und Samen bilden.

BEUTE
Künstlich hergestellter Wohnraum (Bienenstock) für Honigbienen.

BEUTENBOCK
Die Unterkonstruktion, auf der die Beute steht.

BEWEISELUNG, BEWEISELN
Ein Bienenvolk ohne Königin (Ableger oder Kunstschwarm) bekommt eine neue Königin.

BIENENABSTAND
Die Lückengröße in einer Beute, die weder mit Propolis verkleidet (<0,6 mm) noch mit Waben (>1 cm) zugebaut wird; eine 6–10 mm große Lücke bleibt frei.

BIENENBROT
Eine Mischung aus Honig und Pollen. Die Stockbienen füttern damit die Brut.

BIENENFLUCHT
Dieser Einsatz in das Trenngitter lässt Bienen nur in eine Richtung passieren; wird gebraucht, um Bienen aus einer Zarge zu entfernen.

BIENENGIFT
Die Substanz, die von den Bienen über den Stachelapparat in einen Angreifer gepumpt wird. Es ruft beim Menschen Hautrötung, Jucken und Schwellungen hervor.

BIENENHAUS
Ein offenes Gebäude, das mehrere Bienenstöcke (Beuten) enthält.

BIENENSTOCK, STOCK
Allgemeiner Ausdruck für die Gesamtheit der Bienen eines Volkes und ihrer Behausung.

BIENENWACHS
Das Baumaterial der Bienen für die Waben für Brut und Futtervorräte.

BÖSARTIGE FAULBRUT
Bakterielle Infektion der Bienenlarven, verursacht durch *Paenibacillus larvae*. Die Sporen können die Bestandteile des Bienenstockes langfristig kontaminieren.

BRUT
Die Entwicklungsstadien der Biene – Ei, Larve, Puppe, Imago – in den Zellen des Brutnestes. Das Larvenstadium ist in die beiden Abschnitte Rund- und Streckmade untergliedert.

BRUTNEST
Der Bereich im Bienenstock, in dem sich die Bienen entwickeln. Das Brutnest liegt meist im unteren Bereich des Bienenstocks und ist über mehrere Rähmchen verteilt etwa kugelförmig.

BRUTPFLEGE
Junge Bienen (Ammenbienen) versorgen und füttern die Entwicklungsstadien der Bienen.

BRUTRAUMZARGE
Ein Holz- oder Plastikkasten in einer Magazinbeute, in dem die Bienen ihre Brut in Brutwaben aufziehen.

DECKEL
Dünne Abdeckung über Brut- und Honigzellen.

DROHNEN (EINZ. DROHN)
Die männlichen Bienen einer Kolonie. Ihre einzige Aufgabe ist die Begattung der zukünftigen Königinnen, die danach ein neues Volk gründen.

DROHNENMÜTTERCHEN
Stockbienen, deren Eierstöcke nach dem Tod der Königin wachsen. Sie legen nur unbefruchtete Eier, aus denen Drohnen schlüpfen.

DROHNENWABEN, DROHNENRÄHMCHEN
Brutwabe für Drohnen; die sechseckigen Zellen sind 6,6–7 mm breit (Zellen für Arbeiterinnen nur 5,5–6 mm).

EIER ODER STIFTE
Sie werden gewöhnlich von der Königin gelegt und sind das erste Stadium der Bienenentwicklung. Nach etwa drei Tagen schlüpft daraus die Bienenlarve.

ENTDECKUNGSGABEL, -MESSER
Werkzeuge zum Abschaben der Wachsdeckel von den Honigwaben.

EUROPÄISCHE FAULBRUT (EFB)
Infektion der Honigbienen durch das Bakterium *Melissococcus plutonius* und andere Arten; sie gilt als weniger gefährlich als die Bösartige Faulbrut.

FERMENTIERUNG
Honig mit einem Wasseranteil von über 20 % wird von Hefepilzen abgebaut, die als Stoffwechselprodukt Essig bilden.

FLUGLOCHVERENGUNG
Da sich ein verengtes Flugloch leichter verteidigen lässt, richten es Imker zum Schutz gegen räuberische Bienen ein. Im Winter reduziert es den Wärmeverlust und verhindert das Eindringen von Mäusen.

FUTTERGERÄTE, FUTTERTASCHEN
Hilfsmittel, um Bienen in ihrer Beute zu füttern. Größere Mengen Futter wird in Futtertrögen oben auf die Zargen aufgesetzt, Futtertaschen werden wie ein Rähmchen in die Zargen eingehängt.

GELÉE ROYALE
Ein spezielles Futter für Larven, die zur Königin werden sollen. Arbeiterinnen werden nur am ersten Tag mit diesem »königlichen Saft« gefüttert.

HAUBE, ABDECKHAUBE
Die oberste Abdeckung einer Magazinbeute. Sie schützt die Bienen vor der Witterung. Der Innendeckel darunter ist der eigentliche Verschluss der Beute.

HOBELN
Eine rhythmische Bewegung der Bienen vor dem Flugloch, deren Bedeutung noch nicht gänzlich aufgeklärt ist.

HONIG
Bienen wandeln die langkettigen Zucker aus dem Nektar durch körpereigene Enzyme in Honig mit einem Wassergehalt von 15–17 % um.

HONIGRAUMZARGE
Ein Holz- oder Plastikkasten in einem Magazin, in dem die Bienen ihre Honigvorräte in Honigwaben anlegen.

HONIGSCHLEUDER
Ein trommelförmiges Gerät mit Haltevorrichtung für die Waben. Durch schnelle Rotation (per Hand oder mit Motor) wird der Honig aus den Wabenzellen geschleudert.

HÖSCHEN, POLLENHÖSCHEN
Beim Blütenbesuch schiebt die Honigbiene gesammelten Pollen auf ihrem Unterschenkel zusammen; mit bloßem Auge als gelbliches Polster erkennbar.

HUNGERSNOT
Eine Jahreszeit, in der die Bienen weder Nektar noch Pollen finden.

IMAGO
Erwachsene Biene.

IMKEREI
Die Haltung von Bienen und die Verarbeitung ihrer Produkte.

KALKBRUT
Eine Pilzkrankheit der Bienen, verursacht durch *Ascosphaera apis*. Die Larven verwandeln sich in weiße, harte Mumien.

KASTEN
Die Bienen eines Stockes sind in drei Kasten mit unterschiedlichen Aufgaben gegliedert: Königin, Arbeiterinnen und Drohnen.

KLEINER BEUTENKÄFER
Aethina tumida ist ein afrikanischer Käfer, der inzwischen auch in Europa nachgewiesen ist. Er legt seine Eier in Bienenstöcken; Larven und Imagines fressen Waben und Honigvorräte.

KÖNIGIN ODER WEISEL
Das chemische und genetische Herz des Bienenvolkes. Alle Nachkommen eines Volkes stammen von der Königin ab. Sie kontrolliert ihr Volk durch Abgabe von Pheromonen.

KÖNIGINNENKÄFIG, ZUSETZKÄFIG
Ein kleiner Käfig, um eine Königin zu transportieren und in ein neues Volk einzusetzen (Beweiseln).

KÖNIGINNENSUBSTANZ
Ein von der Bienenkönigin produziertes Pheromon, das die Arbeiterinnen davon abhält, Eier zu legen oder eine weitere Königin zu erbrüten.

KRISTALLISIERTER ODER KANDIERTER HONIG
In Honig mit sehr hohem Zuckergehalt (übersättigte Lösung) fällen die Zuckerkristalle aus, können aber durch Wärmebehandlung wieder gelöst werden.

KUNDSCHAFTERIN
Eine Biene, die ausfliegt, um eine neue Nistmöglichkeit, Nektar oder Wasser zu suchen.

LANGSTROTH-BEUTE, LANGSTROTH-MAGAZIN
Ein Magazin aus stapelbaren Kästen (Zargen), die Urform der Magazinbeuten; der begeisterte Imker L.L. Langstroth aus Pennsylvania (USA) hat die Urform dieser Beute entwickelt; ein Magazin aus stapelbaren Kästen (Zargen).

LARVE, LARVENSTADIUM
Das erste Stadium der Bienenentwicklung nach dem Schlüpfen aus dem Ei. Im Larvenstadium entwickelt sich aus der Rundmade nach 5–6 Tagen die Streckmade, und die Brutzelle wird verdeckelt. Auf das Larvenstadium folgen die Puppe und die ausgewachsene Biene (Imago).

LEERWABEN
Von den Bienen auf die Mittelwand gebauten Waben, die weder Brut noch Honig enthalten; *siehe* ausgebaute Mittelwand.

MAGAZIN ODER MAGAZINBEUTE
Aufeinander gestapelte Kästen (Zargen) aus Holz oder Plastik, in denen die Honigbienen leben.

MARKIERTE KÖNIGIN
Bienenkönigin, die mit einem farbigen Punkt auf dem Thorax gezeichnet ist. Markierte Königinnen sind leichter aufzufinden. Darüber hinaus gibt die Farbe des Markers Aufschluss über das Alter der Königin.

METAMORPHOSE
Die Umwandlung eines Organismus im Zuge der Entwicklung. Bienen durchlaufen eine vollständige Metamorphose mit den Stadien Ei, Larve (Made), Puppe und erwachsene Biene (Imago).

MITTELWAND
Aus Wachs oder Plastik gefertigte Platte mit aufgeprägten Wabengrundrissen. Sie werden in ein Rähmchen eingepasst und von den Bienen zu Waben ausgebaut.

NACHSCHAFFEN
Wenn ein Bienenvolk seine Königin verliert, zieht es die Larven von Arbeiterinnen mit Geleé Royale zu neuen Königinnen heran.

NACHSCHAFFUNGSZELLEN
Ein Bienenvolk, das seine Königin verloren hat, erbrütet in den Nachschaffungszellen (Weiselzellen) in der Mitte der Wabe eine neue Königin.

NASANOVDRÜSE
Eine Hormondrüse im Hinterleib der Bienen; sie gibt ein Pheromon ab, mit dem Bienen den Stock oder eine Futterquelle anzeigen.

NEKTAR
Zuckerlösung, die von Nektardrüsen in den Blüten der Pflanzen als Lockmittel für bestäubende Insekten gebildet wird. Bienen stellen ihren Honig aus Nektar her.

NEKTARFLUSS
Eine Phase im Leben der Pflanzen; durch reiche Nektarproduktion locken sie bestäubende Insekten an.

OBERBEHANDLUNGSBEUTEN
Beuten, bei denen die Rähmchen mit den Waben von oben aus den Zargen der Beute herausgezogen werden.

OBERTRÄGER
Der obere, waagerechte Teil eines Rähmchens.

PAARUNGSFLUG
Kurz nach dem Schlüpfen fliegen junge Königinnen aus, um sich mit mehreren Drohnen zu paaren. Die dabei aufgenommene Samenmenge reicht für ihr ganzes Leben aus.

PARASITISCHES MILBEN-SYNDROM (PMS)
Viruserkrankung, die von Varroa-Milben übertragen wird.

PHEROMONE
Flüchtige Hormone, die als Kommunikationssignale zwischen den Bienen ausgetauscht werden.

POLLEN, BLÜTENSTAUB
Die männlichen Geschlechtszellen einer Blüte. Bienen sammeln Pollen als proteinreiche Nahrung. *Siehe* Bestäubung.

POLLENBÜRSTE
Haariges Glied am dritten Beinpaar einer Honigbiene; damit streicht sie den Pollen von ihrem Körper ab und sammelt ihn in einem »Höschen«; *siehe auch* Pollenkörbchen.

POLLENERSATZFUTTER
Proteinreiches Futter mit Pollen, das vom Imker im Frühling zur Stärkung des Bienenvolkes gefüttert wird.

POLLENFALLE
Mechanismus vor dem Flugloch eines Bienenstocks, der die Höschen von den Bienenbeinen abstreift; die Pollenklümpchen fallen in einen Sammelbehälter.

POLLENFLUSS
Eine Phase im Leben der Pflanzen; durch reiche Pollenproduktion locken sie bestäubende Insekten an.

POLLENHÖSCHEN
siehe Höschen

POLLENKÖRBCHEN
Durch lange Borsten abgedeckte Mulde auf dem Unterschenkel des 3. Beinpaars der Honigbiene. Darin verfangen sich die gesammelten Pollenkörner.

PROPOLIS
Kittharz, das Bienen aus Baum- und Knospenharz herstellen; sie verstopfen damit Ritzen und Spalten im Bienenstock. Außerdem wird es zum Verdecken von Brutzellen verwendet. Es soll antibiotische Wirkung haben.

PUPPE
Das dritte Stadium der Bienenentwicklung nach Ei und Larve (Made). In der Puppenhülle wandelt sich die Streckmade in die erwachsene Biene um.

RÄHMCHEN
Rahmenkonstruktion aus Holz, selten Plastik, die in die Mittelwände eingepasst wird. Die Rähmchen können in Oberbehandlungsbeuten von oben aus den Zargen gehoben und untersucht werden. Ein Rähmchen besteht aus dem Oberträger, zwei Seitenteilen und dem Unterteil.

RÄUBEREI
Fremde Bienen, die in den Stock eines anderen, in der Regel schwächeren Volkes eindringen und dessen Vorräte rauben; kommt vor allem vor, wenn der Nektarfluss nachlässt.

REINIGUNGSFLUG
Die Bienen fliegen nach der Winterruhe aus und entleeren ihren Darm abseits des Bienenstockes.

RUNDMADE
Siehe Larve

SAMMLERIN
Honigbiene, die in der Natur nach Pollen, Nektar oder Propolis sucht; das letzte Entwicklungsstadium im Leben einer Biene.

SCHLEUDERHONIG
Honig, der mit Hilfe der Zentrifugalkraft schonend aus entdeckelten Zellen der Waben geschleudert wird.

SCHUTZKLEIDUNG
Imker-Overall mit Gesichtsschutz (Schleier), der bei der Arbeit an den Bienenstöcken getragen wird.

SCHWÄRMEN
In starken Bienenvölkern verlässt die alte Königin mit einem Teil ihres Volkes den heimischen Stock, um sich eine neue Bleibe zu suchen; im alten Bienenstock entwickeln sich dann neue Königinnen.

SCHWARMTRAUBE
Schwärmende Bienen lassen sich in einer dichten Traube nieder, bis Kundschafterbienen eine neue Bleibe gefunden haben.

SCHWARMZELLEN
Vor dem Schwärmen legt ein Bienenvolk neue Weiselzellen an den Unterkanten der Wabe an, in der neue Königinnen erbrütet werden.

SMOKER
Rauchapparat; der Rauch beruhigt die Bienen und senkt ihre Bereitschaft, sich mit Stichen zu verteidigen.

SONNENWACHSSCHMELZER
Kasten mit Glasdeckel; er wird dem direkten Sonnenlicht ausgesetzt, dessen Wärme das Wachs zum Schmelzen bringt – umweltfreundlich, aber nicht sehr effizient.

STACHEL, STACHELAPPARAT
Der Verteidigungsmechanismus der Honigbiene.

STIFTE
Siehe Eier

STOCKBIENE
Nachdem die erwachsenen Bienen aus der Puppenhülle geschlüpft sind, arbeiten sie im Bienenstock. Sie bauen Waben und reinigen die Beute.

STOCKMEISSEL
Imkerwerkzeug zum Öffnen der Beute, Trennen von Zargen und Abschaben von Wachs und Propolis.

STRECKMADE
Siehe Larve

TEILEN VON BIENENVÖLKERN
Der Imker entfernt einen Teil eines Volkes und setzt eine neue Königin hinzu (beweiseln).

THORAX
Brustabschnitt der Biene.

TRACHT
Die Zeit, in der bestimmte Pflanzenarten blühen und dabei große Mengen an Nektar und Pollen anbieten.

UMLARVEN
Königinnenvermehrung durch den Imker; er entnimmt sehr junge Larven, setzt sie in Weiselbecher und lässt sie von einem Volk zu Königinnen aufziehen.

UMWEISELN
Austausch einer alten gegen eine neue Königin.

UNVERDECKELTE BRUTZELLEN
Das erste Stadium der Bienenentwicklung; in den offenen Zellen entwickelt sich die Rundmade; die Zellen der Streckmaden werden verdeckelt. *Siehe* Verdeckelte Brutzellen

UNVERPAARTE, UNBEGATTETE KÖNIGIN
Eine junge Königin, die sich noch nicht auf dem Hochzeitsflug mit Drohnen gepaart hat.

VARROA-MILBE
Große, parasitische Milbe *(Varroa destructor)*, die sowohl Brut als auch erwachsene Bienen befällt. Wenn sie nicht bekämpft wird, hat das Bienenvolk nur eine geringe Überlebenschance.

VERDECKELTE BRUTZELLEN
Im Puppenstadium der Brut bauen die Stockbienen einen Deckel aus Wachs und Propolis über die Brutzelle. *Siehe* Unverdeckelte Brutzellen

VERMEHREN, TEILEN VON VÖLKERN
Der Imker entnimmt aus einem starken Volk Bienen oder Bienen und Brutwaben (»Schröpfen«) und setzt sie in eine neue Zarge ein. Das Volk kann seine eigene Königin erbrüten oder der Imker setzt eine neue Königin ein. Siehe auch Ableger.

VERPAARTE ODER BEGATTETE KÖNIGIN
Eine Königin, die sich mit Drohnen gepaart hat und den Samen für den Rest ihres Lebens zur Befruchtung von Eiern verwendet. Sie kann auch unbefruchtete Drohneneier legen.

VOLK, BIENENVOLK
Die Gesamtheit aller Bienen und ihrer Entwicklungsstadien, die in einem Bienenstock zusammenleben.

WABE
Baueinheit des Bienenstockes mit sechseckigen Zellen; Waben werden aus Bienenwachs hergestellt.

WABENGASSE
Der Abstand zwischen zwei gegenüberliegenden Waben; er ist etwa so groß, dass zwei Bienen aneinander vorbei laufen können.

WABENHONIG
Honig der nicht geschleudert wird, sondern innerhalb einer kleinen Wabe verbleibt (in dünnen Rähmchen oder Plastikboxen).

WACHSBELAG
Ein weißlicher Belag, der sich auf reinem Bienenwachs, beispielsweise auf Kerzen, bildet. Er vermindert nicht die Qualität des Wachses.

WACHSBRÜCKEN
Waben zwischen den Rähmchen und zu den Innenflächen der Zarge.

WACHSMOTTE
Die Larven der Großen Wachsmotte (*Galleria mellonella*) fressen sich auf der Suche nach Kohlenhydraten und Protein durch die Waben und zerstören sie.

WANDERIMKEREI
Ein Imker, der mit seinen Bienenstöcken der jeweils besten Tracht folgt.

WASSERHOLERINNEN
Arbeiterinnen, die Wasser suchen und in den Stock eintragen.

WEISEL
Imkerbezeichnung für die Bienenkönigin (siehe Königin).

WEISELNÄPFCHEN
Eine offene Zelle für eine spätere Königin. Wenn ein Ei darin liegt, wird das Näpfchen verschlossen und zur Weiselzelle.

WEISELZELLE
Große Zelle auf der Brutwabe, in der eine neue Königin heranwächst; *siehe* Gelée Royale, Nachschaffungszellen, Schwarmzellen.

WILDBAU
Freie Waben, die von den Bienen in allen größeren Lücken angelegt werden. Wildbau besteht nicht aus flächigen, sondern dreidimensional angeordneten Waben.

WILDBIENEN
Natürlich vorkommende, nicht von einem Imker betreute Bienen.

WINTERTRAUBE
Im Winter drängt sich das Bienenvolk zum Schutz vor der Kälte zu einer dichten Traube zusammen.

ZARGE
Teilelement einer Magazinbeute. Zargen werden aus Holz oder Kunststoff hergestellt.

ZARGENTAUSCH
Umtausch von Zargen innerhalb einer Magazinbeute; kann erforderlich sein, wenn Brutnest und Wintertraube in der oberen von zwei Zargen sitzt.

ZUSETZKÄFIG
Ein Käfig, in dem eine neue Königin in den Bienenstock gesetzt wird (siehe Königinnenkäfig).

STICHWORTVERZEICHNIS

A
Ableger 14, 16, 22, 126–127
Absperrgitter 46–47
Abwehrverhalten 28 f., 64 f., 128 f.
Aggression 28 f., 64 f., 128 f.
Amerikanische Faulbrut (AFB) 21, 22, 74, 140, 146–147
Amtstierarzt 146
Antibiotikabehandlungen 139, 147
Ausrüstung 21, 31 f.
    Beute 32 f., 36–43, 52, 58 f.
    Honigsieb 184 f.
    Handschuhe 48 f.
    Kleidung à Schutzkleidung
    Sackkarre 54 f.
    Schleuder 176–179

B
Begleitbienen 110
Beobachtungsbienenstöcke 56 f.
Bestäubung 151–169
Bestäubung, Dienstleistung 158–161
Bestäubung, gezielte 160
Bestiftung 78, 90
Beute
    Anstrich 36 f.
    Verwitterungsschutz 36 f.
    Beutenbock 60 f.
    Markierung 34 f.
Beutenboden 59, 66, 136, 140
Bienen im Honigraum 172 f.
Bienenabstand 102
Bienenbrot 156
Bienenflucht 172
Bienenkitt à Propolis

Bienenkot entfernen 206
Bienenwachs 85, 174, 196–201, 207–209
Bienenwachs schmelzen 208 f.
Brutnest
    dunkle Brutwaben 78 f., 84, 196
    Einsetzen verdeckelter Brut 68, 98, 110, 114
    Form 90 f.
    geringe Anzahl von Eiern und Larven 68 f.
    Geruch 140 f., 146 f.
    Kalkbrut 142 f.
    Löcher in verdeckelten Brutzellen 74 f.
    Pollenzellen 152 f.
    übervölkerte obere Zarge 88 f.

D
Desinfektion 142, 146
Diebstahl 34 f.
Drohnen 80, 124 f., 136
Drohnenschneiden 136
Durchfall 139

E
Eierproduktion 68 f., 114–117
etablierte Kolonien kaufen 22 f.
Europäische Faulbrut (EFB) 21 f., 145

F
Feuchtigkeit im Bienenstock 40 f.
Fluglochverengung 132
Füttern
    Futtertasche 20

Kohlenhydrate 57, 114
Pollen 153 f., 157 f., 162 f.
Proteinfutter 57, 80, 90
Zuckersirup 57, 76, 80, 97, 101, 174
Futtersuche Bedingungen 168 f.
Futtertasche 20

G
Gartengeräte 28 f.
Gemülldiagnose 136
Gesundheitszeugnis 22
Giftstoffe 163, 196

H
Handschuhe 48 f.
Hobbyimker 192
Hobeln 72 f.
Hochwasserschäden 100
Honig
    Farbe 187
    Geschmack 187
    Gläser 193
    Kristallisierung 180 f., 190 f.
    verflüssigen 180 f., 190
    Wabenhonig 182 f.
Honigproduktion 171–193
    Honigraum 58
    Honigsieb 184 f.
Honigvermarktung 192 f.
Hornissen 144

I
Imkerbund 12
Imkereien 16, 154
Imkerpate 12 f., 134
Imkerschleier 28, 48, 202

K

Kalkbrut 142 f.
Kerzen 198–201, 209
Kohlenhydrate 57
Kondenswasser 40 f.
Königin
   Absperrgitter 46 f.
   aufspüren 112 f.
   aussperren 46 f.
   ersetzen 64, 81, 110 f., 115
   einkäfigen 121
   markieren 118 f.
   mehrere 81
   schlechte Legeleistung 68 f., 114–117
   separat halten 110 f.
Königinnenableger 126 f.
Kotspritzer 206
Krankheiten erkennen 134 f.
Krankheiten und Schädlinge 22, 74, 131–149, siehe auch Tiere
kristallisierter Honig 180 f., 190 f.
Kunststoffbeute 41

L

Lage 102, 169
Langstroth-Beute 58, 77, 159
Larve 68 f., 116, 122 f.
Lauge 205
Leichen 27, 61, 76 f., 80, 132

M

Magazinbeute 20, 26, 32, 36, 54, 58
   Auf- und Umbau 32 f., 38 f., 54, 132, 158f.
   Boden 59
   öffnen 38 f.
   Zargengriffe 52
Markierung (Beute) 34 f.
Markierung (Königin) 118 f.
Materialprüfung 21
Mäuse 132 f.
Mehltau 37
mehrere Eier pro Zelle 116 f.
mehrere Königinnen 81
Mineralien 97
Mittelwände 42 f., 58
Mumifizierung, Brut 143

N

Nachbarn 24 f., 206
Nahrungsmangel 94 f.
Nahrungsquellen 90, 162 f., 168f.
Nosemose 139

O

Oberträgerbeute 32

P

Parasitäres Milben-Syndrom (PMS) 140 f.
Platzbedarf 88–90, 102, 176 f.
Platzmangel 88 f., 92 f.
Pollen 153, 156 f., 164 f.
   Pollenfalle 156
   Pollenflug 106 f., 152
   Pollen lagern 156 f.
   Bestäubung
Pollen-Analyse 187
Propolis 36, 38, 75, 197, 207
Proteinfutter 57, 76, 80, 153, 157, 164
Proteinquelle 57, 76

R

Rähmchen austauschen 78 f.
Regen 20, 106 f.
Reinigungsflug 206

S

Sackkarre 54 f.
Sammlerinnen 38, 87
Schädlinge und Krankheiten 22, 74, 131–149, siehe auch Tiere
Schleuder 179
Schleuderraum 176 f.
Schonend arbeiten 26 f.
Schrebergarten 154
Schutzkleidung 48 f., 64, 202
Schwärme fangen 66 f.
Schwarmverhalten 66 f., 104 f.
Second-Hand-Ausrüstung 21
Seife 204 f.
Smoker 28, 50 f., 112, 202
Sortenreinheit, Honig 186 f.
Standortwahl 18 f., 24 f., 167
Stiche 64 f., 87, 202 f.
Stockgeruch 98, 140 f., 146 f.
Stockmeißel 38 f.

T

Tiere 61, 132, siehe auch Krankheiten und Schädlinge
Timing Neuimker 14
Todesopfer bei Bienen vermeiden 26
Tracheenmilbe 138
Tracht
   für Sortenhonig 186 f.
   für Wabenhonig 182
   starke Tracht 84 f.

Trachtmangel 90, 106 f.
und unvollständige Verdeckelung 175

U
Überhitzung 86 f.
Überschwemmungen 100
Überwinterung 40 f., 94 f., 101
Umlarven 122 f.
Umsetzen von Bienenstöcken 18 f., 60, 166 f.
Umweiseln 68 f., 81, 114 f., 128 f.
Unkraut 155
unverdeckelte Brut 217
unverdeckelter Honig 174 f.

V
Varroa-Milbe 59, 74, 76, 124, 135, 136 f., 140
verdeckelten Brut 68, 74 f., 110, 114
Vergiftung 76, 90
Verhalten
   Brutnester 68 f., 74 f., 81, 90 f., 152 f.

Wabenbau 70 f.
Tote Bienen 27, 76 f., 80
   bei Überhitzung 86 f.
   Stechen 64 f., 87, 202 f.
   Schwärmen 66 f., 104 f.
   Hobeln 72 f.
Verkauf von Honig 192 f.
Verklebte Zargen 102 f.
Verschütteter Honig 188 f.
Verwitterungsschutz 36 f.
Veterinäramt 22
Volk
   ansiedeln 14
   Größe 158 f.
   kaufen 16, 22 f.
   teilen 92 f.
Völker vereinigen 98 f.

W
Waben 102 f., 172 f., 180 f.
Wabenhonig 182 f.
Wachsbrücken 38 f., 102
Wachsmotten 148 f.
Wachsschmelzgeräte 208
Wasserquellen 24 f., 96 f.

Wespen 144
Wildbau 38 f., 84 f., 102 f.
Winter
   Koloniegröße 98 f.
   Todesfälle im 76 f., 94 f.
   Bienenstöcke 19, 40 f., 101
   Überwinterung 40 f., 94 f.
Witterungseinflüsse 94 f., 100 f., 106 f.

Z
Zellgrößen 58
Zuckersirup 57, 76, 80, 97, 101, 174
Zufütterung
   Durchfall 101
   Futtertasche 20
   Kohlenhydrate 57
   Pollen 153, 157, 164 f.
   Proteinfutter 57, 76, 80

LITERATUR UND ADRESSEN

BÜCHER

Matthias Lehnherr: Imkerbuch

Michael Weiler:
Der Mensch und die Bienen

Erhard Maria Klein:
Die Bienenkiste

Sabine Armbruster: Das Bienen-Praxisbuch

Prof. Dr. Jürgen Tautz:
Phänomen Honigbiene

Das Schweizerische Bienenbuch
(in fünf Bänden)

Handbuch des Netzwerks Blühende Landschaft: Wege zu einer blühenden Landschaft

FACHZEITSCHRIFTEN

ADIZ, die biene, Imkerfreund
Herausgeber: Deutscher Landwirtschaftsverlag GmbH
www.dlv.de

Bienenpflege
Herausgeber: Landesverband Württembergischer Imker e. V.
www.lvwi.de/bienenpflege.html

Deutsches Bienen Journal
Herausgeber: Deutscher Bauernverlag GmbH
www.bienenjournal.de

Die neue Bienenzucht
Herausgeber: Landesverband Schleswig-Holsteinischer und Hamburger Imker e. V.
www.imkerschule-sh.de/imkerzeitung

IMKERVERBÄNDE

DIB: Deutscher Imkerbund e. V.
www.deutscherimkerbund.de

Deutscher Berufs- und Erwerbsimkerbund e. V.
www.berufsimker.de

Mellifera e. V.
(wesensgemäße/ökologische Bienenhaltung)
www.mellifera.de

Landesverband Badischer Imker e. V.
www.badische-imker.de

Landesverband Württembergischer Imker e. V.
www.lvwi.de

Landesverband Bayerischer Imker e. V.
www.imker-bayern.de

Imkerverband Berlin e. V.
www.imkerverband-berlin.de

Landesverband Brandenburgischer Imker e. V.
www.imker-brandenburgs.de

Imkerverband Hamburg e. V.
www.ivhh.de

Landesverband Hessischer Imker e. V.
www.hessische-imker.de

Landesverband der Imker Mecklenburg und Vorpommern e. V.
www.imkermv.de

Landesverband Hannoverscher Imker e. V.
www.imkerlvhannover.de

Landesverband der Imker Weser-Ems e. V.
www.imker-weser-ems.de

Imkerverband Rheinland e. V.
www.imkerverbandrheinland.de

Landesverband Westfälischer und Lippischer Imker e. V.
www.imkerverband-westfalen-lippe.de

Rheinland-Pfalz:
Imkerverband Nassau e. V.
www.imkerverbandnassau.de

Imkerverband Rheinland-Pfalz e. V.
www.imkerverband-rlp.de

Landesverband Saarländischer Imker e. V.
www.saarlandimker.de

Landesverband Sächsischer Imker e. V.
www.sachsenimker.de

Imkerverband Sachsen-Anhalt e. V.
www.imkerverband-sachsen-anhalt.de

Landesverband Schleswig-Holsteinischer und Hamburger Imker e. V.
www.imkerschule-sh.de

Landesverband Thüringer Imker e. V.
www.lvthi.de

BILDNACHWEIS

4 © Jozef Sowa | Shutterstock.com
10 © Alexey Laputin | Shutterstock.com
13 © Darios | Shutterstock.com
15 © dimitris_k | Shutterstock.com
17 © David Wootton | Alamy
19 © prudkov | Shutterstock.com
25 © Graham Prentice | Alamy
30 © Darla Hallmark | Shutterstock.com
35 © Paola Cravino Photography | Getty Images
45 © Dutchinny | Dreamstime.com
47 © Alistair Scott | Alamy
53 © Tyler Olson | Shutterstock.com
57 © Brian Balster | Shutterstock.com
62 © Peteri | Shutterstock.com
65 © Zsschreiner | Shutterstock.com
77 © hikrcn | Shutterstock.com
79 © kabby | Shutterstock.com
82 © Ivanko80 | Shutterstock.com
97 © Serhii Lohvyniuk | Shutterstock.com
105 © Helga Chirk | Shutterstock.com
107 © c.byatt-norman | Shutterstock.com
108 © Lehrer | Shutterstock.com
121 © EdBockStock | Shutterstock.com
123 © WILDLIFE GmbH | Alamy
125 © imageBROKER | Alamy
127 © fotosub | Shutterstock.com
129 © grafvision | Shutterstock.com
130 © Julie Clopper | Shutterstock.com
133 © Vladimir Cuvala | Alamy

149 © Custom Life Science Images | Alamy
150 © Klagyivik Viktor | Shutterstock.com
157 © Brum | Shutterstock.com
165 © Ikordela | Shutterstock.com
167 © Tyler Olson | Shutterstock.com
169 © Leonid Ikan | Shutterstock.com
170 © Repina Valeriya | Shutterstock.com
173 © Nigel Cattlin | Alamy
177 © B Brown | Shutterstock.com
179 © Laurentiu Iordache | Dreamstime.com
183 © Stephen Orsillo | Shutterstock.com
185 © PhotoStock-Israel / Alamy
187 © Marzia Giacobbe | Shutterstock.com
189 © Fernando Bengoechea | Beateworks | Corbis
191 © Sergey Vasilyev | Shutterstock.com
193 © Alinute Silzeviciute | Shutterstock.com
194 © Testbild | Shutterstock.com
199 © Marcel Jancovic | Shutterstock.com
201 © Gayvoronskaya_Yana | Shutterstock.com
203 © louise murray | Alamy
205 © Elena Dijour | Shutterstock.com
209 © Paul Felix Photography | Alamy
210–11 © Alex Staroseltsev | Shutterstock.com
224 © Warut Prathaksithorn | Shutterstock.com

Alle anderen Fotografien © James Tew.

Alle Grafiken © Shutterstock.com.